住房和城乡建设领域"十四五"热点培训教材

大型复杂钢结构智能数字化尺寸检测和预拼装技术

刘界鹏　程国忠　周绪红　李东声　著

中国建筑工业出版社

图书在版编目（CIP）数据

大型复杂钢结构智能数字化尺寸检测和预拼装技术 /
刘界鹏等著. — 北京：中国建筑工业出版社，2023.3
住房和城乡建设领域"十四五"热点培训教材
ISBN 978-7-112-28326-2

Ⅰ. ①大… Ⅱ. ①刘… Ⅲ. ①数字技术-应用-钢结
构-检测-教材②数字技术-应用-钢结构-工程施工-
教材 Ⅳ. ①TU391②TU758.11

中国国家版本馆 CIP 数据核字（2023）第 017625 号

本书首先对点云数据获取和基础算法等进行了较为详细的介绍，然后在此基础上进一
步介绍了针对不同类型工程结构的技术开发和应用过程。全书共分为 7 章，其中第 1 章为
绪论，第 2、3 章为基础的技术和算法知识，第 4～7 章为智能数字化尺寸检测和预拼装技
术的算法开发及工程实践。

本书可供智能建造专业的高年级本科生、研究生、教师、科研人员和工程技术人员
参考。

责任编辑：李天虹
责任校对：赵　菲

住房和城乡建设领域"十四五"热点培训教材
大型复杂钢结构
智能数字化尺寸检测和预拼装技术
刘界鹏　程国忠　周绪红　李东声　著
*
中国建筑工业出版社出版、发行（北京海淀三里河路 9 号）
各地新华书店、建筑书店经销
北京鸿文瀚海文化传媒有限公司制版
北京云浩印刷有限责任公司印刷
*
开本：787 毫米×1092 毫米　1/16　印张：12½　字数：312 千字
2023 年 3 月第一版　　2023 年 3 月第一次印刷
定价：**99.00** 元
ISBN 978-7-112-28326-2
（40251）

前　言

近年来，随着全球经济的发展和人民生活水平的提高，人们对建筑和桥梁的外观及使用功能需求日渐提高，建筑和桥梁逐渐向复杂外形及大跨度方向发展。大型复杂结构受力复杂，施工难度大，采用钢筋混凝土结构很难满足要求，因此一般采用钢结构或钢-混凝土混合结构。

笔者的课题组长期从事钢结构与混合结构方面的力学性能、设计方法和优化技术研究，并长期与设计及施工单位进行产学研合作，致力于解决工程实践中的问题，也为行业培养理论基础与实践能力兼备的青年人才。我们在工程实践中发现，虽然钢构件制造技术的先进性日益提高，但工厂制造过程中的尺寸质量检测技术较为落后，现场施工过程中的安装精度测量与管控技术也较为落后。

目前，钢构件在工厂的尺寸检测中，仍以人工采用卷尺测量为主；而对于复杂外形钢构件或节点，则采用全站仪等设备进行特征点测量。人工采用卷尺测量，尺寸误差较大，检测效率也很低，尤其是不能精准定位螺栓孔的全局坐标。复杂外形钢构件或节点的尺寸检测中，人工采用卷尺测量难以满足要求，因此采用全站仪等进行特征点测量，并将测量结果与设计模型进行对比。但由于全站仪每次只能测量一个点的位置，则最终测得的尺寸实际上是钢构件或节点的部分特征点集合，而非完整的外形尺寸；这种测量结果并不能完整地检测出扭曲构件、形状渐变构件和复杂节点的整体外形尺寸精度，从而可能为后续的施工安装带来较大的累积误差。

对于大型或复杂钢结构，在工厂内完成构件和节点的制造后，还经常需要在工厂内进行实体预拼装，也就是要在工厂内搭设胎架并将钢结构进行一次实际的安装，导致工程成本和建造周期明显增加，工厂内占用的场地也很大。实际工程需要进行预拼装的原因是，即使每个构件和节点的尺寸偏差均满足制造要求，但累积偏差可能导致部分构件或节点不能安装到结构整体中。实体预拼装的目的是在工厂内及时发现并修整不能安装的构件或节点，是消除累积偏差的重要手段。对于螺栓连接的钢结构，螺栓孔配钻也是消除累积偏差的重要手段，但同样面临着工程成本高、效率低等问题。对于大型复杂钢结构工程，现场的施工累积偏差常导致按设计加工的构件难以进行安装。即使钢结构在工厂内进行了预拼装，现场施工时也可能存在安装误差过大甚至安装不上的问题，因为现场的施工累积误差可能远远超过要求。例如，在带伸臂桁架的超高层钢框架-混凝土核心筒结构施工中，外围钢框架的尺寸精度控制比较容易，而混凝土核心筒的尺寸精度控制难度很大，核心筒尺寸偏离较大的情况经常出现，这样就会出现连接外框架与核心筒的伸臂钢桁架安装不上的问题。目前的施工过程中，施工人员经常是在伸臂钢桁架吊装就位时才发现无法安装，然后再将伸臂桁架吊回地面进行修整，导致工程成本和建造周期明显增加。在一些大型钢结构桥梁施工过程中，也存在一些类似问题。可见，大型复杂钢结构在施工尺寸精度控制方面，存在明显的工作效率低和管控技术落后等问题。

针对钢结构尺寸检测、预拼装和施工尺寸精度控制问题，很多企业已经开始尝试采用三维激光扫描技术代替传统的测量技术，并取得了较好的效果。但我们在工程实践中发现，目前基于点云数据的尺寸检测和预拼装技术自动化程度极低：需人工先通过软件对三维扫描获取的点云数据进行降噪和轻量化处理，以克服工程结构点云数据面临的数据量大且噪点多等问题；需人工进行逆向 BIM 建模；需人工对竣工 BIM 模型与设计 BIM 模型进行匹配和对比，以检测精度是否满足要求。人工处理点云数据存在着工作量大、效率低等问题，很难普遍推广，只能用于部分特殊工程中，从而限制了三维扫描这一先进技术在钢结构工程中的应用。基于这一问题，近几年来我们开展了基于点云数据和智能算法的大型复杂钢结构智能数字化尺寸检测和预拼装技术研究；结合工程实践，我们将成果在一些复杂超高层结构、大跨度网架结构、大跨度复杂桥梁中进行了探索性应用，取得了良好的应用效果。可以预见，智能数字化尺寸检测和预拼装技术，将在大型复杂钢结构的建造中得到日益广泛的应用，并取得良好的综合效益。

为进一步推动智能数字化尺寸检测及预拼装技术在钢结构工程中的应用，推动工程技术人员快速掌握这一先进技术，我们将近几年来的学习和研究成果进行了整理，撰写了本书。由于土木工程专业的工程师对数字化和智能化技术的了解一般都不够深入，因此本书首先对点云数据获取和基础算法等进行了较为详细的介绍，然后在此基础上进一步介绍了针对不同类型工程结构的技术开发和应用过程。全书共分为 7 章，其中第 1 章为绪论，第 2、3 章为基础的技术和算法知识，第 4~7 章为智能数字化尺寸检测和预拼装技术的算法开发及工程实践。本书可供智能建造专业的高年级本科生、研究生、教师、科研人员和工程技术人员参考。

本书的研究工作得到了国家自然科学基金联合基金重点项目"山区装配式混合结构桥梁的设计理论与智能化建造方法"（U20A20312）和国家自然科学基金重点项目"高层钢-混凝土混合结构的智能建造算法研究"（52130801）的资助。本书撰写过程中，我们的研究生崔娜、傅丽华和马晓晓承担了大量的数值试验、数据整理、数学公式细化和图片绘制等工作，没有她们的辛勤付出，本书不可能如此早地成稿。同时，本书撰写中还参考了国内外学者的大量论文和著作，在此一并表示衷心感谢。

由于点云数据智能处理技术、人工智能算法和现代测量设备等的发展日新月异，而笔者的知识水平和研究能力有限，书中内容难免有疏漏和不足之处，敬请读者批评指正。

目　录

第1章 绪论

1.1 建筑尺寸检测技术发展现状

目前，国内外一般采用全站仪、卷尺、靠尺等对建筑与桥梁的尺寸质量进行人工检测，存在效率低、精度不足、人为因素多和科技水平落后等问题（图 1.1-1）。此外，对于大型复杂建筑与桥梁的构部件，传统的检测方法很难进行全面精准的测量。为改变工程建设行业尺寸检测的现状，国内外学者开展了基于点云数据的构部件尺寸质量检测研究，同时也开展了表观质量检测方面的研究。

图 1.1-1　人工尺寸检测

在外观尺寸检测方面，Park 等较早地采用三维激光扫描仪对钢梁的挠度进行测量，测量结果的精度完全满足工程要求[1]；Bosché 提出了一种基于点云数据的构件识别方法和构件长度评估方法[2]；Kim 等提出了一种面向平面点云数据的边缘与角点提取方法，该方法被用于预制混凝土桥面板尺寸的精准评估[3-7]。在平整度检测方面，Bosché 等分别采用F 数方法和小波变换方法对室内混凝土表面的点云数据进行平整度评估，评估结果的精度较高[8-9]；Wang 等采用 F 数方法对混凝土桥面板的点云数据进行平整度评估与扭曲度测量[7]；Li 等基于平面拟合方法和 BIM 模型点云数据提出了室内混凝土表面与预制构部件的平整度检测方法，检测结果以编码偏差图进行显示[10]。在表观质量检测方面，Teza 等提出了一种基于点云数据曲率的混凝土表面损伤检测方法[11]；Guldur 等提出了一种基于点云数据表面法线的损伤检测与量化方法[12]；Turkan 等采用自适应小波变换神经网络对高低分辨率的点云数据进行处理，实现了混凝土裂缝的检测[13]。

由国内外相关研究可见，目前基于点云数据的尺寸检测集中于简单、规则的建筑构部件，如预制楼梯、预制楼板和竣工房屋等。大型复杂钢结构构部件的点云数据复杂度高、智能化处理难度大，已有研究成果并不适用，因此亟需开展基于点云数据的大型复杂钢结构尺寸检测的相关研究。

1.2 大型复杂钢结构预拼装技术发展现状

目前，实体预拼装仍然是保证大型复杂钢结构空间关联构件在现场能够精准安装的有效措施；因此，运输到施工现场前，大型复杂钢结构的构部件一般需要在工厂内进行一次实体预拼装（图 1.2-1）。但是，实体预拼装存在胎架和人力成本高、场地占用大以及效率低等不足。随着计算机技术和三维测量技术的发展和应用，实体预拼装正逐渐被数字化预拼装所代替。数字化预拼装是将三维测量技术得到的构件拼接控制点在专用软件中进行模拟拼装，从而实现精度分析的一种方法[14-15]。

图 1.2-1　大型复杂钢结构实体预拼装

Tamai 等最早开发了一套用于钢结构桥梁的数字化预拼装系统 CATS（Computerized Assembly Test System），但标靶点需要精确地布置在拼接控制点处，工业相机通过获取标靶点的空间信息实现拼接控制点空间信息的间接获取[16]。东南亚科技人员开发了一套钢结构数字化预拼装软件 VAS，但拼接控制点的空间信息由全站仪进行获取[14]。CATS 系统和 VAS 系统获取螺栓孔空间信息均面临着效率低、人为因素多等问题，不适用于螺栓孔密集的钢构件。Case 等采用广义普氏算法实现了螺栓孔的最优匹配[17]；Maset 等采用广义普氏算法实现了焊接对接口的最优匹配[18]；两者的拼接控制点均为半自动获取且拼接控制点对应关系需人工设定，智能化水平不足。三维激光扫描仪可以快速获得构件的三维点云数据，具有数据精度高、受外界影响小、可操作性强等优点，正逐渐替代全站仪成为数字化预拼装首选的三维测量设备。陈振明、罗永权和茹高明采用扫描点云数据进行了钢结构数字化预拼装，但拼接控制点均为人工选取[19-21]。基于粗对齐的扫描点云数据和BIM 模型点云数据，Nahangi 采用正向运动学模型逐个对管道构件进行对齐，自动化地衡量拼接误差和局部误差[22]。针对模块化建筑，Rausch 等提出了一系列预拼装误差分析的方法，包括正向运动学模型法和蒙特卡洛法等[23-25]。针对焊接连接的钢结构数字化预拼装，Zhou 提出了一种对齐扫描点云数据和 BIM 模型的面-线-点配准算法[26]。针对螺栓连接的钢结构数字化预拼装，Ying 等采用三维激光扫描仪获取螺栓孔点云数据，但点云数据处理的自动化程度低[27]。

由当前国内外研究和应用现状可见，国内外学者对数字化预拼装进行了初步研究，但当前的技术还需进一步提高点云数据处理的智能化程度，并亟需一套全自动化的数字化预拼装技术。对于螺栓连接钢结构的智能数字化预拼装技术，最重要的是螺栓孔群的自动匹配，匹配完成后若发现存在限制安装的偏差，还需智能化地生成修整方案。目前针对螺栓群自动匹配的广义普氏算法，其目标函数是拼接控制点距离误差最小，而最优修整方案的目标函数却是整修螺栓孔数量最少。因此，广义普氏算法不能适用于最优修整方案的制定，这就需要提出一种面向最优修整的寻优算法。

1.3 点云数据处理方法研究现状

目前，通过激光扫描和多视角照片均可获取物体表面的密集点云数据，且点云数据正被应用于基础测绘、智慧城市、基础设施安全监测、无人驾驶、文化遗产保护和影视娱乐等领域。点云数据高效自动处理是人工智能应用领域的当前热门研究方向，具体的分支包括点云数据检测、点云数据分割和点云数据配准等。

1.3.1 点云数据检测方法

点云数据检测是指从完整点云数据中筛选出目标点云数据，目标常常包括角点、边界、直线、构件中心轴线、平面、球和特定对象等。常用的角点检测算法为 Harris 算法[28]；常用的边界算法为 Canny 算法[29]。常用的直线、平面、球的检测算法包括随机采样一致性算法[30] 和霍夫变换[31]：随机采样一致性算法作为一种随机参数估计算法，可以从含有噪点的点云数据中提取直线、圆、平面和球等特征，被广泛地应用于工程应用中；霍夫变换利用点与线的对偶性，将原始空间的一条直线转化为参数空间的一个点，实现将原始空间的直线检测问题转化参数空间的峰值点检测问题。随机采样一致性算法内存占用少但时间消耗大，而霍夫变换计算时间少但内存占用大。构件中心轴线的检测是构部件逆向建模的基础，目前的相关方法也较多：Lee 等提出了一种基于拉普拉斯算子的中心轴线检测方法[32]；Nurunnabi 和 Yang 采用基于主成分分析确定中心轴线的方向[33-34]；Jin 采用滚球法检测管道中心轴线；Yu 采用切片法确定直管横截面的中心点[35]。

建筑场景的点云数据复杂度高，导致上述算法不适用于特定对象点云数据的检测。为简化构部件尺寸检测的难度，构部件的设计 BIM 或 CAD 模型常常被用于对象点云数据的

3

检测。Bosché 等将 CAD 模型引入到点云数据的检测中,实现了施工进度监督、竣工钢结构厂房的尺寸检测和管道模型的自动更新[36-38]。Nguyen 等将由设计 CAD 模型生成的点云数据和扫描点云数据进行配准,完成了管道的尺寸检测[39]。Kim 等将 BIM 模型和扫描点云数据进行配准,完成了梁、柱点云数据的检测[40]。Sharif 等提出了一种基于模型的对象查找方法,该方法可从杂乱的扫描点云数据中检测出特定对象[41]。Chen 等对特定对象的 CAD 模型点云数据进行机器学习,学习后的主轴描述算子可用于施工设备点云数据的检测[42-43]。随着深度学习的快速发展,越来越多的点云神经网络被用于点云数据的检测,包括 VoxNet[44]、3D InspectionNet[45] 等。

1.3.2 点云数据分割方法

点云数据分割是指将具有相同特征的点云数据划分为同一簇。由于点云数据就是由三维空间中的离散点构成,每个数据点之间并无拓扑关系,因此传统的点云数据分割常常借助邻域点构造的几何特征,包括法向量和曲率等。Wani 等较早地提出了基于边界的深度图分割方法[46],边界点通过梯度信息和法向量变化进行检测[47]。为了改进基于边界的深度图分割方法,Milroy 等将最大曲率点作为边界点,利用最小能量法连接各边界点,从而完成深度图像的分割[48]。Besl 和 Jain 首次提出了面向深度图像分割的区域增长算法,算法的基本思想是通过将与种子点具有相似特征的相邻点进行合并而实现区域的不断增长[49]。

传统的分割方法适用于 2.5 维深度图像的分割,并非直接用于三维点云数据,因此近年来学者将传统的分割方法逐渐拓展到三维空间。为提高区域增长算法的鲁棒性,Rabbani 等通过调整曲率阈值和角度阈值来避免点云数据的欠分割和过分割[50]。为克服噪点对法向量估计的不利影响,Nurunnabi 等提出了基于快速最小协方差行列式的鲁棒性主成分分析[51]。为提高区域增长算法的效率,Abdullah 等提出了种子点的选取策略[52]。为提高邻域点的搜索效率,Vo 等提出了基于八叉树的区域增长算法[53]。

聚类是实现点云数据分割的一种方式,最常用的聚类算法包括均值聚类和密度聚类[54-55]。Dorninger 和 Nothergger 通过对点云数据的三维平面参数进行聚类以实现点云数据的分割[56]。Zhan 提出了一种基于法向量颜色图聚类的点云数据分割方法[57]。Wang 等提出了基于法向量高斯图聚类的点云数据分割方法,均值漂移聚类算法被用于高斯图的分割[58]。

图结构是点云数据的一个重要信息,基于图结构的点云数据分割方法在小数量的点云数据上表现良好。Klasing 等提出了用于点云数据分割的径向有界最近邻图算法,该算法需要预设距离阈值[59]。Golovinskiy 和 Funkhouser 采用 k 最近邻算法建立点云数据的图结构,图结构边的权重随着边的长度增加而指数衰减;这种图结构分割算法被用于点云数据的分割[60-61]。

目前,随着深度学习的快速发展,越来越多的点云神经网络开始被用于点云数据的分割,包括 PointNet[62]、PointNet+[63]、PointCNN[64] 等。

1.3.3 点云数据配准方法

采用三维激光扫描仪获取目标的点云数据时,一般需要从不同角度对目标进行扫描,以得到目标表面的完整点云数据。点云数据配准是指将不同扫描站点获取的点云数据统一到同一坐标系中，形成一个目标表面的完整点云数据。目前，最经典的点云配准算法是迭代最近邻（ICP）算法和它的改进形式[65-67]；但 ICP 算法的主要不足是容易陷入局部最优，这就需要点云数据具有良好的初始姿态。为克服 ICP 算法的不足，国内外学者提出了粗配准和精细配准相结合的策略：粗配准为点云数据提供良好的初始姿态，精细配准用于点云数据的精细配准。目前，点云数据配准的研究主要集中于粗配准算法，通常包括特征检测和特征匹配两部分。特征检测的对象包括关键点[68]、线[69]、面[70] 和快速点特征直方图[71] 等；特征匹配一般采用随机采样一致性算法和四点一致集算法。例如，Theiler 等采用四点一致集算法对 Harris 角点进行配准[72]，Liu 等采用四点一致集算法对预制构部件曲率较大点进行配准[73]，Tan 通过面的法向量实现了点云数据粗配准[74]，Cai 等通过快速点特征直方图实现了点云数据粗配准[75]。考虑到二维图像处理技术的成熟性，三维点云数据的配准可转化为二维图像的配准；用于图像配准的特征包括尺度不变特征变换（SIFT）[76]、最小吸收同值核区（SUSAN）[77] 和加速鲁棒特征（SURF）[78]。

随着深度学习的快速发展，越来越多的点云神经网络被用于点云数据的配准；Aoki 等提出了点云数据配准网络 pointNetLK[79]，Lu 等提出了一种端到端的点云数据配准网络 DeepVCP[80]。

目前，无任何辅助措施的点云数据智能化匹配技术仍处于探索研究阶段；而对于工业或工程应用，在扫描过程中设置球标靶和纸标靶，然后通过球标靶或纸标靶对点云数据进行手动匹配或半自动匹配，仍是最常用的手段[81-83]。

可见，目前国内外学者已对点云数据智能处理算法进行了充分的研究，为大型复杂钢结构智能数字化尺寸检测和预拼装技术提供了良好的算法基础。此外，点云数据智能处理正逐渐向点云神经网络方向发展，但建筑场景点云数据面临着数据稀缺、复杂度高、残缺严重、噪声多等问题，从而限制了点云神经网络在建筑行业的发展，因此基于传统经典算法的点云数据处理仍是当前工程应用的主流。

1.4　本书主要内容

本书将系统介绍基于点云数据的大型复杂钢结构智能数字化尺寸检测和预拼装技术，具体内容如下所述。

（1）点云数据获取与 BIM 二次开发技术

从基本原理、工作性能和点云数据特性三个方面对激光扫描获取点云数据和图像重建获取点云数据进行介绍，为读者在实际工程应用中选取点云数据获取设备提供参考。对自主开发的 BIM 插件进行介绍，包括 BIM 模型点云化、构部件特征点检测和自动化建模，为后续的实际工程应用提供技术支持。

（2）点云数据处理基础算法

对点云数据预处理、点云数据特征检测、点云数据分割和点云数据配准进行介绍，包括算法的基本原理、具体步骤和算例等，为后续的实际工程应用提供算法支持。特别地，本书提出了基于混合法的中线轴线智能检测算法、基于超体素和随机采样一致性的球标靶智能检测算法、基于目标检测神经网络和全景图的纸标靶智能检测算法、基于最小凸包的点云数据分割算法和基于全局特征的点云数据配准算法等新算法，丰富了大型复杂钢结构智能数字化尺寸检测和预拼装技术。

（3）复杂高层结构智能数字化尺寸检测和预拼装

以重庆陆海国际中心为工程背景，介绍基于三维激光扫描技术和智能算法的复杂高层结构尺寸检测和预拼装技术，包括伸臂桁架智能数字化尺寸检测、框架-核心筒结构智能数字化尺寸检测和伸臂桁架智能数字化预拼装。

（4）焊接复杂桥梁结构智能数字化尺寸检测和预拼装

以重庆两江新区寨子路钢拱桥为工程背景，介绍基于三维激光扫描技术和智能算法的焊接复杂桥梁结构尺寸检测和预拼装技术，包括大拱拱肋智能数字化尺寸检测和预拼装、小拱拱肋牛腿-拱间横梁节段智能数字化预拼装和小拱拱肋节段-拱肋节段智能数字化预拼装。

（5）螺栓连接桥梁结构智能数字化尺寸检测和预拼装

以重庆郭家沱长江大桥为工程背景，介绍基于点云数据和智能算法的螺栓连接桥梁结构尺寸检测和预拼装技术，包括连接板智能数字化尺寸检测、钢桁架杆件智能数字化尺寸检测和钢桁架节段智能数字化预拼装。

（6）复杂空间结构智能数字化尺寸检测

以泸州高铁站和成都火炬塔为工程背景，开展基于三维激光扫描技术和智能算法的复杂空间结构智能数字化尺寸检测，包括网架构部件智能数字化尺寸检测、网架结构智能数字化尺寸检测和复杂管结构智能数字化尺寸检测。

参考文献

[1] PARK H S, LEE H, ADELI H, et al. A new approach for health monitoring of structures: terrestrial laser scanning [J]. Computer-Aided Civil and Infrastructure Engineering, 2007, 22 (1): 19-30.

[2] BOSCHÉ F. Automated recognition of 3D CAD model objects in laser scans and calculation of as-built dimensions for dimensional compliance control in construction [J]. Advanced Engineering Informatics, 2010, 24 (1): 107-118.

[3] KIM M K, SOHN H, CHANG C C. Automated dimensional quality assessment of precast concrete panels using terrestrial laser scanning [J]. Automation in Construction, 2014, 45: 163-177.

[4] KIM M K, CHENG J C P, SOHN H, et al. A framework for dimensional and surface quality assessment of precast concrete elements using BIM and 3D laser scanning [J]. Automation in Construction, 2015, 49: 225-238.

[5] KIM M K, SOHN H, CHANG C C. Localization and quantification of concrete spalling defects using terrestrial laser scanning [J]. Journal of Computing in Civil Engineering, 2015, 29 (6): 1-12.

[6] KIM M K, WANG Q, PARK J W, et al. Automated dimensional quality assurance of full-scale precast concrete elements using laser scanning and BIM [J]. Automation in Construction, 2016, 72: 102-114.

[7] WANG Q, KIM M K, CHENG J C P, et al. Automated quality assessment of precast concrete elements with geometry irregularities using terrestrial laser scanning [J]. Automation in Construction, 2016, 68: 170-182.

[8] BOSCHÉ F, GUENET E. Automating surface flatness control using terrestrial laser scanning and

building information models [J]. Automation in Construction，2014，44：212-226.

[9] BOSCHÉ F，BIOTTEAU B. Terrestrial laser scanning and continuous wavelet transform for controlling surface flatness in construction -A first investigation [J]. Advanced Engineering Informatics，2015，29（3）：591-601.

[10] LI D S，LIU J P，FENG L，et al. Terrestrial laser scanning assisted flatness quality assessment for two different types of concrete surfaces [J]. Measurement，2020，154.

[11] TEZA G，GALGARO A，MORO F. Contactless recognition of concrete surface damage from laser scanning and curvature computation [J]. NDT and E International，2009，42（4）：240-249.

[12] ERKAL G B，HAJJAR J F. Laser-based surface damage detection and quantification using predicted surface properties [J]. Automation in Construction，2017，83：285-302.

[13] TURKAN Y，HONG J，LAFLAMME S，et al. Adaptive wavelet neural network for terrestrial laser scanner-based crack detection [J]. Automation in Construction，2018，94：191-202.

[14] 王月栋，南东亚，刘鹏，等. 钢结构模拟预拼装技术研究与开发 [J]. 钢结构，2018，33（04）：93-96.

[15] 李亚东. 数字模拟预拼装在大型钢结构工程中的应用 [J]. 施工技术，2012，41（18）：23-26.

[16] TAMAI S，YAGATA Y，HOSOYA T. New technologies in fabrication of steel bridges in Japan [J]. Journal of Constructional Steel Research，2002，58（1）：151-192.

[17] CASE F，BEINA A，CROSILLA F，et al. Virtual trial assembly of a complex steel structure by Generalized Procrustes Analysis techniques [J]. Automation in Construction，2014，37：155-165.

[18] MASET E，SCALERA L，ZONTA D，et al. Procrustes analysis for the virtual trial assembly of large-size elements [J]. Robotics and Computer-Integrated Manufacturing，2020，62.

[19] 陈振明，隋小东，李立洪，等. 钢结构预拼装技术研究与应用 [J]. 施工技术，2019，48（08）：100-103.

[20] 罗永权，张鸿飞. 三维激光扫描技术在桥梁构件模拟预拼装中的应用 [J]. 测绘与空间地理信息，2017，40（11）：167-170.

[21] 茹高明，戴立先，王剑涛. 基于BIM的空间钢结构拼装及模拟预拼装尺寸检测技术研究与开发 [J]. 施工技术，2018，47（15）：78-81＋142.

[22] NAHANGI M，YEUNG J，HAAS C T，et al. Automated assembly discrepancy feedback using 3D imaging and forward kinematics [J]. Automation in Construction，2015，56：36-46.

[23] RAUSCH C，NAHANGI M，PERREAULT M，et al. Optimum assembly planning for modular construction components [J]. Journal of Computing in Civil Engineering，2017，31（1）：1-14.

[24] RAUSCH C，NAHANGI M，HAAS C，et al. Kinematics chain based dimensional variation analysis of construction assemblies using building information models and 3D point clouds [J]. Automation in Construction，2017，75：33-44.

[25] RAUSCH C，NAHANGI M，HAAS C，et al. Monte Carlo simulation for tolerance analysis in prefabrication and offsite construction [J]. Automation in Construction，2019，103：300-314.

[26] ZHOU Y，WANG W，LUO H，et al. Virtual pre-assembly for large steel structures based on BIM，PLP algorithm，and 3D measurement [J]. Frontiers of Engineering Management，2019，6（2）：207-220.

[27] YING C，ZHOU Y，HAN D，et al. Applying BIM and 3D laser scanning technology on virtual pre-assembly for complex steel structure in construction [C]. IOP Conference Series：Earth and Environmental Science，2019，371（2）.

[28] HARRIS C，STEPHENS M. A combined corner and edge detector [C]. Proceeding Fourth Alvey vi-

sion conference，1988：147-151.

[29] CANNY J. A computational approach to edge detection [J]. IEEE Transactions on Pattern Analysis and Machine Intelligence，1986（6）：679-98.

[30] SCHNABEL R，WAHL R，KLEIN R. Efficient RANSAC for point-cloud shape detection [J]. Computer Graph Forum，2007，26：214-226.

[31] JELTSCH M，DALITZ C，POHLE-FRÖHLICH R. Hough parameter space regularisation for line detection in 3D [C]. Proceedings of the 11th Joint Conference on Computer Vision，Imaging and Computer Graphics Theory and Applications，VISIGRAPP，2016，4（VISAPP）：345-352.

[32] LEE J，SON H，KIM C，et al. Skeleton-based 3D reconstruction of as-built pipelines from laser-scan data [J]. Automation in Construction，2013，35：199-207.

[33] NURUNNABI A，SADAHIRO Y，LINDENBERGH R，et al. Robust cylinder fitting in laser scanning point cloud data [J]. Measurement，2019，138：632-651.

[34] YANG L，CHENG J C P，WANG Q. Semi-automated generation of parametric BIM for steel structures based on terrestrial laser scanning data [J]. Automation in Construction，2020，112：103037.

[35] YU C Z，JI F，XUE J P. Cutting plane based cylinder fitting method with incomplete point cloud data for digital fringe projection [J]. IEEE Access，2020，8：149385-149401.

[36] BOSCHÉ F，HAAS C T. Automated retrieval of 3D CAD model objects in construction range images [J]. Automation in Construction，2008，17（4）：499-512.

[37] BOSCHÉ F，HAAS C T，AKINCI B. Automated recognition of 3D CAD objects in site laser scans for project 3D status visualization and performance control [J]. Journal of Computing in Civil Engineering，2009，23（6）：311-318.

[38] BOSCHÉ F，AHMED M，TURKAN Y，et al. The value of integrating Scan-to-BIM and Scan-vs-BIM techniques for construction monitoring using laser scanning and BIM：The case of cylindrical MEP components [J]. Automation in Construction，2015，49：201-213.

[39] NGUYEN C H P，CHOI Y. Comparison of point cloud data and 3D CAD data for on-site dimensional inspection of industrial plant piping systems [J]. Automation in Construction，2018，91：44-52.

[40] KIM C，SON H，KIM C. Automated construction progress measurement using a 4D building information model and 3D data [J]. Automation in Construction，2013，31：75-82.

[41] SHARIF M M，NAHANGI M，HAAS C，et al. Automated model-based finding of 3D objects in cluttered construction point cloud models [J]. Computer-Aided Civil and Infrastructure Engineering，2017，32（11）：893-908.

[42] CHEN J，FANG Y，CHO Y K，et al. Principal axes descriptor for automated construction-equipment classification from point clouds [J]. Journal of Computing in Civil Engineering，2017，31（2）：1-12.

[43] CHEN J，FANG Y，CHO Y K. Performance evaluation of 3D descriptors for object recognition in construction applications [J]. Automation in Construction，2018，86：44-52.

[44] MATURANA D，SCHERER S. Voxnet：A 3d convolutional neural network for real-time object recognition [C]. IEEE/RSJ International Conference on Intelligent Robots and Systems（IROS），2015：922-928.

[45] DIZAJI M S，HARRIS D K. 3D InspectionNet：a deep 3D convolutional neural networks based approach for 3D defect detection on concrete columns [C]. Nondestructive Characterization and Monitoring of Advanced Materials，Aerospace，Civil Infrastructure，and Transportation XIII，2019，109710E.

8

[46] WANI M A, BATCHELOR B G. Edge-region-based segmentation of range images [J]. IEEE Transactions on Pattern Analysis and Machine Intelligence, 1994, 16 (3): 314-319.

[47] BHANU B, LEE S, HO C C, et al. Range data processing: Representation of surfaces by edges [C]. Proceedings of the Eighth International Conference on Pattern Recognition, 1986: 236-238.

[48] MILROY M J, BRADLEY C, VICKERS G W. Segmentation of a wrap-around model using an active contour [J]. Computer-Aided Design, 1997, 29 (4): 299-320.

[49] BESL P J, JAIN R C. Segmentation through variable-order surface fitting [J]. IEEE Transactions on Pattern Analysis and Machine Intelligence, 1988, 10 (2): 167-192.

[50] RABBANI T, VAN DEN HEUVEL F, VOSSELMAN G. Segmentation of point clouds using smoothness constraints [C]. ISPRS commission V Symposium: Image Engineering and Vision Metrology, 2006, 35: 248-253.

[51] NURUNNABI A, BELTON D, WEST G. Robust segmentation in laser scanning 3D point cloud data [C]. International Conference on Digital Image Computing Techniques and Applications (DICTA), 2012: 1-8.

[52] ABDULLAH S, AWRANGJEB M, LU G. Lidar segmentation using suitable seed points for 3D building extraction [J]. International Archives of the Photogrammetry, Remote Sensing and Spatial Information Sciences, 2014, XL-3: 1-8.

[53] VO A V, TRUONG-HONG L, LAEFER D F, et al. Octree-based region growing for point cloud segmentation [J]. ISPRS Journal of Photogrammetry and Remote Sensing, 2015, 104: 88-100.

[54] MACQUEEN J. Some methods for classification and analysis of multivariate observation [C]. Proceedings of the Fifth Berkeley Symposium on Mathematical Statistics and Probability, 1967: 281-297.

[55] ESTER M, KRIEGEL H P, SANDER J, et al. A density-based algorithm for discovering clusters in large spatial databases with noise [C]. Knowledge Discovery and Data Mining Conference, 1996: 226-231.

[56] DORNINGER P, NOTHEGGER C. 3D segmentation of unstructured point clouds for building modelling [J]. International Archives of the Photogrammetry, Remote Sensing and Spatial Information Sciences, 2007, 35 (3/W49A): 191-196.

[57] ZHAN Q, YU L, LIANG Y. A point cloud segmentation method based on vector estimation and color clustering [C]. The 2nd International Conference on Information Science and Engineering, 2010: 3463-3466.

[58] WANG Y, HAO W, NING X, et al. Automatic segmentation of urban point clouds based on the Gaussian Map [J]. The Photogrammetric Record, 2013, 28 (144): 342-361.

[59] KLASING K, WOLLHERR D, BUSS M. A clustering method for efficient segmentation of 3D laser data [C]. IEEE International Conference on Robotics and Automation, 2008: 4043-4048.

[60] GOLOVINSKIY A, FUNKHOUSER T. Min-cut based segmentation of point clouds [C]. IEEE 12th International Conference on Computer Vision Workshops, ICCV Workshops, 2009: 39-46.

[61] GOLOVINSKIY A, KIM V G, FUNKHOUSER T. Shape-based recognition of 3D point clouds in urban environments [C]. IEEE 12th International Conference on Computer Vision (ICCV), 2009: 2154-2161.

[62] QI C R, SU H, MO K, et al. Pointnet: Deep learning on point sets for 3d classification and segmentation [C]. Proceedings of the IEEE Conference on Computer Vision and Pattern Recognition, 2017: 652-660.

［63］ QI C R，YI L，SU H，et al. Pointnet＋＋：Deep hierarchical feature learning on point sets in a metric space ［C］. Advances in neural information processing systems，2017：5099-5108.

［64］ LI Y Y，BU R，SUN M C，et al. PointCNN：Convolution on 𝒳-transformed points ［C］. Proceedings of the 32nd International Conference on Neural Information Processing Systems，2018：828-838.

［65］ BESL P J，MCKAY N D. A method for registration of 3D shapes ［J］. IEEE Transactions on Pattern Analysis and Machine Intelligence，1992，14（2）：239-256.

［66］ YANG J L，LI H D，CAMPBELL D，et al. Go-ICP：A globally optimal solution to 3D ICP point-set registration ［J］. IEEE Transactions on Pattern Analysis and Machine Intelligence，2016，38（11）：241-254.

［67］ DONOSO F A，AUSTIN K J，MCAREE P R. How do ICP variants perform when used for scan matching terrain point clouds? ［J］. Robotics and Autonomous Systems，2017，87：147-161.

［68］ MELLADO N，AIGER D，MITRA N J. Super 4pcs fast global point cloud registration via smart indexing ［J］. Computer Graphics Forum，2014，33（5）：205-215.

［69］ GE X M，HU H. Object-based incremental registration of terrestrial point clouds in an urban environment ［J］. ISPRS Journal of Photogrammetry and Remote Sensing，2020，161：218-232.

［70］ BOSCHÉ F. Plane-based registration of construction laser scans with 3D/4D building models ［J］. Advanced Engineering Informatics，2012，26（1）：90-102.

［71］ RUSU R B，BLODOW N，BEETZ M. Fast point feature histograms（FPFH）for 3D registration ［J］. IEEE International Conference on Robotics and Automation，2009：3212-3217.

［72］ THEILER P W，WEGNER J D，SCHINDLER K. Keypoint-based 4-points congruent sets – automated marker-less registration of laser scans ［J］. ISPRS Journal of Photogrammetry and Remote Sensing，2014，96：149-163.

［73］ LIU J P，LI D S，FENG L. Towards automatic segmentation and recognition of multiple precast concrete elements in outdoor laser scan data ［J］. Remote Sensing，2019，11（11）：1383.

［74］ TAN Y，LI S，WANG Q. Automated geometric quality inspection of prefabricated housing units using BIM and LiDAR ［J］. Remote Sensing，2020，12：2492.

［75］ CAI Z P，CHIN T J，BUSTOS P A，et al. Practical optimal registration of terrestrial LiDAR scan pairs ［J］. ISPRS Journal of Photogrammetry and Remote Sensing，2019，147：118-131.

［76］ PAN X Y，LYU S W. Detecting image region duplication using SIFT features ［J］. IEEE International Conference on Acoustics：Speech and Signal Processing，2010：1706-1709.

［77］ SMITH S M，BRADY J M. SUSAN-a new approach to low level image processing ［J］. International Journal of Computer Vision，1997，23（1）：45-78.

［78］ PANG Y W，LI W，YUAN Y，et al. Fully affine invariant SURF for image matching ［J］. Neurocomputing，2012，85：6-10.

［79］ AOKI Y，GOFORTH H，SRIVATSAN R A，et al. PointNetLk：Robust & efficient point cloud registration using pointnet ［C］. Proceedings of the IEEE/CVF Conference on Computer Vision and Pattern Recognition（CVPR），2019：7156-7165.

［80］ LU W X，WAN G W，ZHOU Y，et al. DeepVCP：An end-to-end deep neural network for point cloud registration ［C］. Proceedings of the IEEE/CVF International Conference on Computer Vision（ICCV），2019：12-21.

［81］ YUN D H，KIM S H，HEO H Y，et al. Automated registration of multi-view point clouds using sphere targets ［J］. Advanced Engineering Informatics，2015，29（4）：930-939.

［82］ SANDOVAL J，UENISHI K，IWAKIRI M，et al. Robust sphere detection in unorganized 3D point clouds using an efficient Hough voting scheme based on sliding voxels [J]. IIEEJ Transactions on Image Electronics and Visual Computing，2020，8：121-135.

［83］ LIANG Y B，ZHAN Q M，CHE E Z，et al. Automatic registration of laser point cloud using precisely located sphere targets [J]. IEEE Geoscience and Remote Sensing Letters，2014，11（1）：69-73.

第2章　点云数据获取与BIM二次开发

点云数据作为一种新的数据类型，在智慧城市、智能交通、智能建造等领域发挥着十分重要的作用；点云数据也是本书用于尺寸检测的数据基础。目前，点云数据获取方式主要包括通过激光扫描获取和通过图像重建获取两大类。本章将从基本原理、工作性能和点云数据特性三个方面对两种点云数据获取方式进行详细的介绍，并介绍通过BIM二次开发技术获得设计点云数据的方法。

2.1　点云数据获取

2.1.1　激光扫描获取点云数据

1. 基本原理

采用激光扫描获取点云数据（图2.1-1）属于主动获取方法，通过主动发射激光束来完成对目标的测量，可以快速获得扫描环境内的全景三维点云数据，具有数据精度高、受外界影响小、可操作性强等优点[1]。三维激光扫描仪的核心部件包括激光发射器、激光反射棱镜和激光感应装置，其工作原理为：（1）激光发射器从三维激光扫描仪的中心位置发射激光束；（2）激光束经棱镜反射而射向目标点；（3）激光感应装置接收从目标点反射回

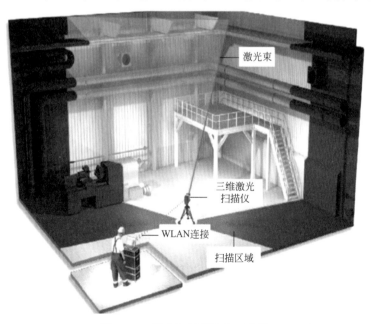

图2.1-1　激光扫描获取点云数据

的激光束；（4）三维激光扫描仪根据发射激光束和接受反射激光束的时间差来计算目标点与扫描仪的距离。三维激光扫描仪的旋转示意见图 2.1-2；三维激光扫描仪在水平面内绕 Z 轴顺时针旋转，有效旋转范围为 0°到 360°；激光发射棱镜绕 Y 轴旋转，三维激光扫描仪自身的遮挡导致激光发射棱镜的有效工作范围为 30°到 330°，也就是扫描仪的扫描不能覆盖其下部的圆锥形范围，圆锥尖的角度为 60°。

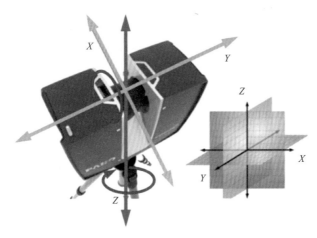

图 2.1-2 三维激光扫描仪旋转示意图

目前，建筑业中常用的三维激光扫描仪，根据测量原理可以分为脉冲式（Time-of-flight）与相位式（Phase-shift）两类。脉冲式三维激光扫描仪通过间歇性地发射脉冲激光信号获取点云数据；而相位式三维激光扫描仪通过持续地发射经过调幅后的连续波获取点云数据。间歇性地发射信号导致脉冲式三维激光扫描仪的扫描速度更慢，但强烈的脉冲激光信号导致脉冲式三维激光扫描仪的扫描距离更长；因此，脉冲式三维激光扫描仪常用于远程测绘工程领域，包括大坝、电站基础地形测量、公路测绘和铁路测绘等。相位式三维激光扫描仪则常用于近程的建筑尺寸测量领域，包括桥梁结构检测及监测、几何尺寸测量、古建筑数据保存等。

通过三维激光扫描仪所获取的点云数据包括三维坐标信息、反射率信息和颜色信息，三维坐标信息和反射率信息通过返回的激光束得到，而颜色信息则是通过三维激光扫描仪内置的高像素相机得到。三维坐标信息用笛卡尔坐标 $(x，y，z)$ 表示；反射率信息表征物体的发射强度值 I；颜色信息用红、绿、蓝三种颜色为基底的颜色空间进行表示，用 $(R，G，B)$ 分别表示红、绿、蓝三种颜色的强度。除了点云数据，商业的三维激光扫描仪还提供整个场景的全景图，如图 2.1-3 所示。

2. 工作性能

高精度三维激光扫描仪具有良好的测距范围，测距范围可达百米以上，且测量精度很高，25m 以内目标的测量误差为±1mm。高精度三维激光扫描仪具有较低的测距噪声（测距噪声是指在 122000 点/s 的测量速度下，最佳拟合平面的标准偏差值[2]），90%反射率情况下 25m 以内目标的测量误差为 0.3mm，且扫描仪的测量速度很快，激光发射速度可达 976000 点/s。此外，三维激光扫描仪受场景光源和气候等因素的影响较小，可全时全气候地获取点云数据。常规的三维激光扫描仪质量约为 4~10kg，便携性较好。三

图 2.1-3　三维激光扫描仪获取的全景图

维激光扫描仪获取点云数据时，扫描人员仅需将三维激光扫描仪摆放到指定的扫描站点即可。

为了获取完整的目标点云数据，三维激光扫描仪需要环绕目标进行多站扫描。扫描仪站点的布置常依赖于专业人员的知识、经验以及现场判断，难以兼顾目标点云数据的完整性和扫描时间，导致三维激光扫描仪获取点云数据时面临扫描方案制定难度大的问题。此外，各站点的点云数据需要进一步地统一坐标系，这也对点云的智能化处理带来挑战。在获取点云数据的过程中，三维激光扫描仪不能移动且目标需要保持静止，可见通过三维激光扫描仪获取点云数据，存在灵活性低的问题。通过三维激光扫描获取的点云数据，一般无法实时地进行可视化，因此扫描人员难以实时掌握目标的覆盖率。另外，扫描过程中，构件边缘反射回的激光信号不稳定，会导致大量的伪像点出现，这也一定程度上降低了点云数据的质量。

3. 点云数据特性

① 数据规模大

单站扫描得到的点云数据通常包含数百万的三维数据点，而一个完整场景通常需要数站的扫描才能完成。因此，一个完整的场景点云数据常包含千万级的数据点，这将带来点云数据处理所需的时间成本过高和内存占用过大等问题。

② 无拓扑关系

点云数据中的各个数据点之间相互独立，没有任何拓扑关系，这将导致点云数据的分割和识别难度很大。

③ 不均匀性

由于激光的散射性质，三维激光扫描获取的点云数据随扫描距离增大而逐渐稀疏，点云数据呈现不均匀性，这将降低点云数据局部特征计算的鲁棒性。

④ 非规则性

单站扫描得到的点云数据具有行和列的信息。但是，各站点的点云数据需要拼接成一个完整点云数据，导致点云数据呈现非规则性，因此后续的点云数据处理无法有效地利用行和列的信息。

2.1.2 图像重建获取点云数据

1. 基本原理

通过图像重建获取点云数据属于被动获取方法，是基于立体视觉理论对不同角度的照片进行处理来生成目标点云数据，这种方法获取点云数据的成本较低[3]。目前，通过图像重建获取点云数据的设备包括无人机搭载倾斜摄影、手持式三维扫描仪、双目摄像头等。在本书中，手持式三维扫描仪（图 2.1-4）被用于获取构部件细部的点云数据。

图 2.1-4 手持式三维扫描仪

手持式三维扫描仪获取的点云数据主要是三维坐标信息。获取点云数据的步骤包括相机标定、布置标靶点、图像采集、图像处理和三维重建。根据相机模型（图 2.1-5），各坐标变换满足以下条件：

$$\lambda \begin{bmatrix} u \\ v \\ 1 \end{bmatrix} = H \begin{bmatrix} X \\ Y \\ Z \end{bmatrix} \tag{2.1-1}$$

$$\lambda \begin{bmatrix} u \\ v \\ 1 \end{bmatrix} = K \begin{bmatrix} R & T \end{bmatrix} \begin{bmatrix} X \\ Y \\ Z \end{bmatrix} \tag{2.1-2}$$

$$K = \begin{bmatrix} f_x & s & u_0 \\ & f_y & v_0 \\ & & 1 \end{bmatrix} \tag{2.1-3}$$

上式中，(X, Y, Z) 表示世界坐标系的任意点；(u, v) 为点 (X, Y, Z) 在相机坐标系的投影点；H 为相机投影矩阵；λ 为比例因子；K 为相机的内参矩阵，其中 f_x、f_y、s、u_0 和 v_0 为相机的五个内参；R 和 T 为世界坐标系和相机坐标系之间的旋转矩阵和平动矩阵，属于相机的外参。相机标定是求解相机投影矩阵的过程，即求解矩阵 K、R 和 T。

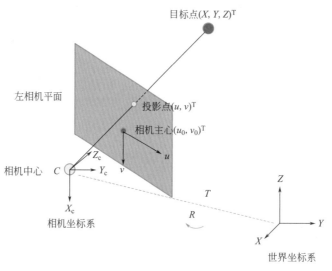

图 2.1-5　相机模型

相机标定完成后，需要在目标表面布置标靶点（图 2.1-6）。标靶点为获取的点云数据提供全局坐标系参考点，用于快速拼接不同时刻获取的点云数据。标靶点布置原则为：（1）标靶点的间距不宜超过 20cm；（2）标靶点排列尽量散乱；（3）构件转角处的标靶点尽量密集。

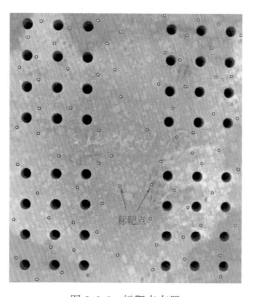

图 2.1-6　标靶点布置

标靶点布置完成后，采用手持式扫描仪进行图像采集。图像采集应避开强光、雨天等不利气候。为了克服弱纹理的不利影响，手持式三维扫描仪主动投射结构光。基于某一时刻的图像，与三维扫描仪连接的计算机会实时地对图像进行处理，包括特征点检测和特征点匹配。基于标定后的相机参数和匹配的特征点，根据立体视觉理论可对目标进行三维重建（图 2.1-7），三维重建本质上就是确定匹配的特征点三维坐标（X，Y，Z），可通过下式进行求解：

$$\lambda \begin{bmatrix} u \\ v \\ 1 \end{bmatrix} = K \begin{bmatrix} R & T \end{bmatrix} \begin{bmatrix} X \\ Y \\ Z \end{bmatrix} \tag{2.1-4}$$

$$\lambda_1 \begin{bmatrix} u_1 \\ v_1 \\ 1 \end{bmatrix} = K_1 \begin{bmatrix} R_1 & T_1 \end{bmatrix} \begin{bmatrix} X \\ Y \\ Z \end{bmatrix} \tag{2.1-5}$$

上式中，(u, v) 表示特征点在左相机平面上的投影点；(u_1, v_1) 表示特征点在右相机平面上的投影点。

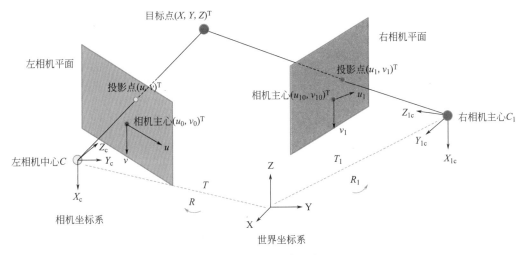

图 2.1-7　三维重建示意图

2. 工作性能

手持式三维扫描仪获取的点云数据均匀性好、噪点少、目标点云数据占比高且无需进行坐标系统一，这有效降低了点云数据处理的难度。此外，手持式三维扫描仪获取点云数据前无需进行扫描方案制定；在扫描过程中，目标不需要保持静止，点云数据可实时观测；这都显著降低了现场扫描的难度。

但手持式三维扫描仪存在扫描速度慢、测距短、气候敏感性高等问题。手持式三维扫描仪获取目标点云数据需要较多的人力辅助，如标靶点布置、图像采集等。此外，手持式三维扫描仪需要实时连接计算机和电源，这也显著降低了点云数据获取的便捷性。

3. 点云数据特性

① 点云数据规模小

手持式三维扫描仪适用于扫描小构件或者大型构件的局部，获取的点云数据规模较小。

② 无拓扑关系

点云数据中的数据点之间相互独立，也没有任何拓扑关系。

③ 均匀性好

与手持式三维扫描仪相连接的计算机实时地对获取的点云数据进行均匀采样，因此输出的点云数据具有良好的均匀性。

④ 非规则性

采用手持式三维扫描仪获取的点云数据不具有行和列的信息。

2.2 BIM 二次开发技术

建筑信息模型（BIM）涵盖几何信息、物理信息和空间信息，可为大型复杂钢结构智能数字化尺寸检测和预拼装提供大量的先验知识。目前，Revit 和 Tekla 是常用的建筑行业 BIM 软件，两者均为用户提供了应用程序编程接口（API）[4-5]。基于 API，用户可以便捷、快速地实现图形数据访问、参数数据访问、用户界面增强、模型元素操作等。常用的 API 包括 IExternalCommand 和 IExternalApplication：IExternalCommand 接口帮助用户在软件的附加模块中添加专用命令按钮，IExternalApplication 接口帮助用户在软件的功能区中拓展专用选项卡。本章将介绍三个自主开发的 IExternalApplication 插件，包括 BIM 模型点云化、构部件特征点检测和自动化建模插件。

2.2.1 BIM 模型点云化技术

BIM 模型点云数据是数字化尺寸检测的参考依据，常用于与扫描点云数据进行配准。为了获取 BIM 模型点云数据，本书基于 Revit 的 API 开发了 BIM 模型点云化的插件，插件的内容包括：

（1）遍历 BIM 对象（图 2.2-1a）的元素，调用 SolidUtils.CreateTransformed 函数将各元素转化为实体；

（2）针对每一个实体，调用函数 Faces 得到实体的各个面（图 2.2-1b）；

（3）针对每一个面，调用函数 Triangulate 将面进行三角形网格化（图 2.2-1b）；

（4）按用户预设的网格尺寸 d_t 对每一个三角形进行网格化，将网格交点、网格与三角形边的交点作为输出数据（图 2.2-1c）。

三维激光扫描仪获取的点云数据主要由外部点组成。然而，BIM 模型点云化插件的输出点云数据包含大量的内部点，如构部件内壁点云数据、内部加劲肋点云数据等，这会导致扫描点云数据与 BIM 模型点云数据配准易陷入局部最优。为此，提出了基于拉普拉斯算法、随机采样一致性算法和轮廓跟踪算法的 BIM 模型点云数据内部点剔除方法。内部点剔除方法的具体步骤如下：

（1）采用 3.2.5 节中的拉普拉斯算法对 BIM 模型点云数据进行处理，得到 BIM 模型所对应的中心轴线点（图 2.2-2）；

（2）采用 3.2.1 节的随机采样一致性算法对中心轴线点进行处理，得到两条线段 L_1 和 L_2（图 2.2-3）；

（3）以经过线段中心的线段垂面对 BIM 模型点云数据进行切片，获得构件截面点云数据（图 2.2-4）；

（4）采用 3.1.4 节的主成分分析算法将截面点云数据进行降维，得到平面点云数据；

（5）将平面点云数据进行图像二值化，采用轮廓跟踪算法[6] 对二值化图像的外轮廓进行检测（图 2.2-5）；

(a) 被选中的BIM对象

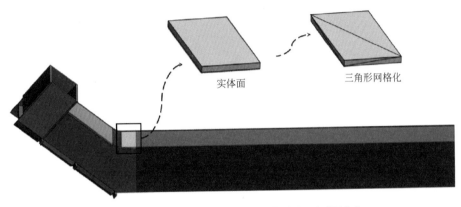

实体面   三角形网格化

(b) 实体的面(不同颜色表示不同实体面)和三角形网格化

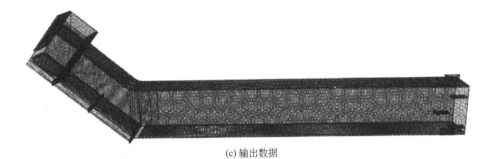

(c) 输出数据

图 2.2-1　BIM 模型点云化

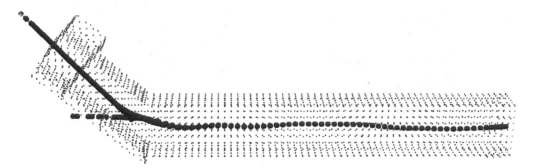

图 2.2-2　BIM 模型点云数据的中心轴线（蓝色点）

19

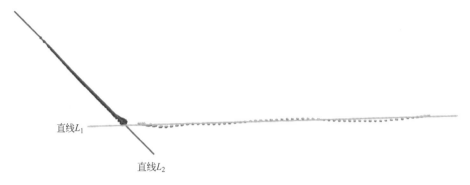

直线L_1

直线L_2

图 2.2-3　随机采样一致算法检测直线

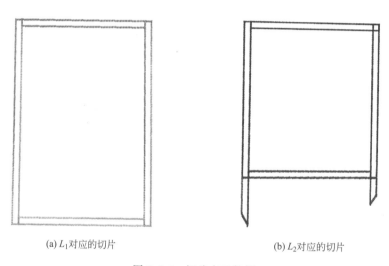

(a) L_1对应的切片

(b) L_2对应的切片

图 2.2-4　切片点云数据

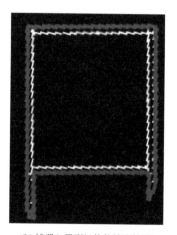

(a) 线段L_1得到切片的轮廓检测

(b) 线段L_2得到切片的轮廓检测

图 2.2-5　轮廓跟踪算法检测图像轮廓线（红色部分）

（6）获取轮廓像素点对应的 BIM 模型面编号 h，剔除 BIM 模型 h 面生成的所有点云数据，从而完成 BIM 模型点云数据内部点的剔除（图 2.2-6）。

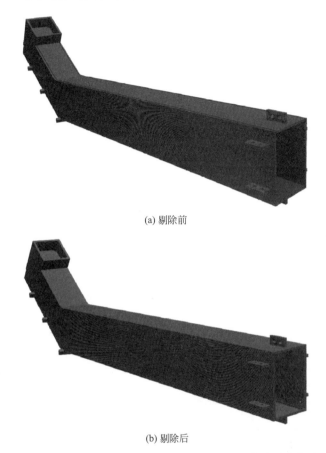

(a) 剔除前

(b) 剔除后

图 2.2-6　内表面点剔除（灰色表示外部点，红色表示内部点）

2.2.2　构部件特征点检测方法

构部件的特征点是预拼装所需的最重要信息。焊接构部件的特征点为焊缝，螺栓连接构部件的特征点为螺栓孔。为此，基于 Tekla 的 API，开发了 BIM 构部件特征点检测的插件。Tekla 软件中，焊缝和螺栓孔分别被定义为 Welds 和 Bolt，分别通过函数 GetWelds 和 GetBolts 获得。

对于 Welds，通过函数 Weld.ShopWeld 得到焊缝类别（现场焊缝或工地焊缝）；通过函数 Weld.GetCoordinateSystem 得到焊缝所在的局部坐标系；通过函数 Weld.GetWeld-Geometries 得到焊缝起经点在局部坐标系下的坐标。基于局部坐标系和焊缝起经点的局部三维坐标，计算得到焊缝起经点的全局三维坐标。图 2.2-7 给出了焊接构部件特征点的检测效果。

对于 Bolts，函数 GetBolts 的返回值类型为 BoltGroup。通过函数 BoltGroup.BoltSize 和 BoltGroup.BoltPositions 分别得到螺栓孔的直径和螺栓孔中心的全局三维坐标。图 2.2-8 给出了螺栓连接构部件特征点的检测效果。

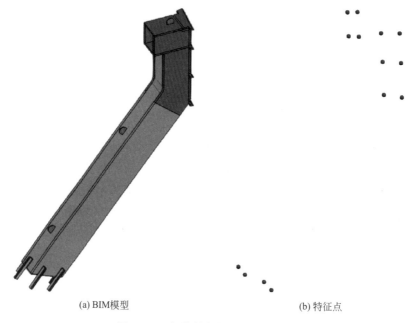

(a) BIM模型　　　　　　　　　　(b) 特征点

图 2.2-7　焊接构部件特征点的检测

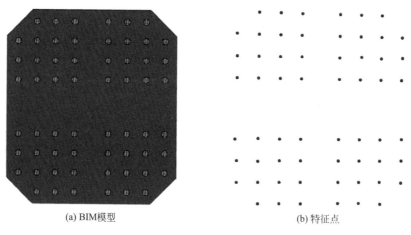

(a) BIM模型　　　　　　　　　　(b) 特征点

图 2.2-8　螺栓连接构部件特征点的检测

2.2.3　自动化建模技术

　　主体结构的竣工 BIM 模型是后期的附属设施施工、项目运维和改造的重要参考依据，然而目前基于专用软件和点云数据的人工逆向竣工建模存在人力成本高、效率低、自动化程度低等问题。为此，开发了自动化建模插件，可实现网架结构和复杂管结构的自动化建模。自动化建模插件的输入和输出分别为点云数据智能处理的结果文件和只含几何信息的 BIM 模型。如图 2.2-9 所示，网架结构和复杂管结构的自动化建模涉及的实体包括球和圆杆，圆杆按中心轴线分为直圆杆和曲圆杆，圆杆按截面变化情况分为恒截面和变截面。

　　网架结构和复杂管结构的自动化建模具体步骤如下：

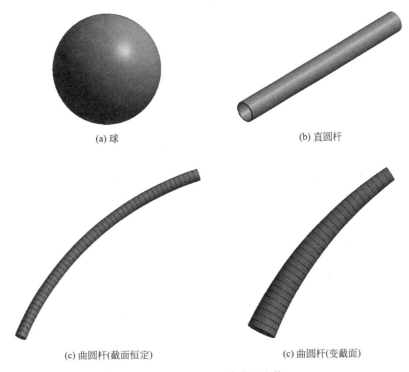

(a) 球   (b) 直圆杆

(c) 曲圆杆(截面恒定)   (c) 曲圆杆(变截面)

图 2.2-9　自动化建模的实体

（1）获取实体的几何参数，包括球心坐标、球半径、圆杆的放样路径、圆杆半径、布尔运算的关系矩阵；

（2）创建实体：采用函数 Arc. Create 创建球的横截面，利用函数 Line. CreateBound 建立球的旋转轴，利用函数 GeometryCreationUtilities. CreateRevolvedGeometry 创建旋转实体，从而完成球的创建；利用 CreateSweptGeometry 创建圆杆的放样路径，利用函数 Arc. Create 创建圆杆的横截面，利用函数 GeometryCreationUtilities. CreateSweptGeometry 创建放样实体，完成圆杆的创建；创建实体后，采用函数 DirectShape. CreateElement 将实体转换为元素进行可视化；

（3）基于布尔运算的关系矩阵，采用函数 BooleanOperationsUtils. ExecuteBooleanOperationModifyingOriginalSolid 完成实体之间的切割；切割的示例见图 2.2-10 和图 2.2-11。

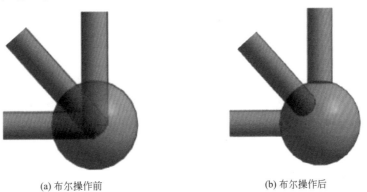

(a) 布尔操作前   (b) 布尔操作后

图 2.2-10　网架结构的布尔操作

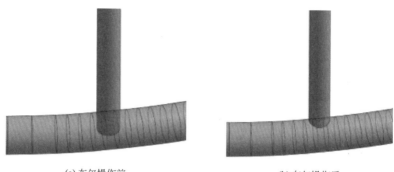

(a) 布尔操作前　　　　　　　　　　　　　　(b) 布尔操作后

图 2.2-11　复杂管结构的布尔操作

2.3　小结

本章从基本原理、工作性能、点云数据特性三个方面对两种点云数据获取方式进行了详细的介绍，旨在使读者对两种点云数据获取方式有深入的了解，为读者在实际工作应用中选取点云数据采集设备提供依据。此外，本章还对 BIM 模型点云化、构部件特征点检测和自动化建模三个自主开发的插件进行了介绍，旨在使读者对 BIM 模型在大型复杂钢结构智能数字化尺寸检测和预拼装中的应用有深入的了解，为后续实际工程应用提供基础技术支持。

参考文献

［1］ PARK H S，LEE H M，ADELI H，et al. A new approach for health monitoring of structures：terrestrial laser scanning［J］. Computer-Aided Civil and Infrastructure Engineering，2007，22（1）：19-30.

［2］ User manual for the Focus M and S Series，Faro Inc.，2018［EB/OL］.［2022-10-08］. https：//knowledge. faro. com/Hardware/3D_Scanners/Focus/User_Manual_for_the_Focus_M_and_S_Series.

［3］ LI R，SCLAROFF S. Multi-scale 3D scene flow from binocular stereo sequences［J］. Computer Vision and Image Understanding，2008，110（1）：75-90.

［4］ Autodesk. Revit 2019［EB/OL］.［2022-10-08］. https：//www. autodesk. in/products/revit/overview.

［5］ Trimble. Tekla 2019［EB/OL］.［2022-10-08］. https：//www. tekla. com/ch/产品/tekla-structures.

［6］ SUZUKI S，BE K. Topological structural analysis of digitized binary images by border following［J］. Computer Vision Graphics & Image Processing，1985，30（1）：32-46.

第3章 点云数据处理基础算法

大型复杂钢结构智能数字化尺寸检测及预拼装技术的核心是点云数据的智能化处理，这就需要综合运用各种算法甚至进行算法上的创新。点云数据处理的算法一般包括点云数据预处理、点云数据检测、点云数据分割和点云数据配准等环节的算法。本章对常用的点云数据处理基础算法原理和流程进行详细介绍，以便读者在了解本书研究内容的同时，也能够独立进行算法应用和开发。

3.1 点云数据预处理算法

受环境和设备等影响，激光扫描或图像重建获取的点云数据常含有噪点或离群点，这将严重影响点云数据局部特征的计算精度，因此在计算中常采用滤波算法进行去噪，以删除噪点或离群点。点云数据本质上是空间离散点集，是非结构化的数据，相邻点之间没有拓扑关系，导致相邻点搜索所需的计算成本高；因此对点云数据进行特征识别与语义分割等操作之前，需要将点云数据结构化，提高点云数据的搜索效率。此外，点云数据配准后，通常面临着高冗余度、密度不均匀、局部点云缺失等问题，这将导致计算成本增加、算法稳定性差，因此需要进行采样、形态学处理、降维等操作，将数据均匀化，同时也能实现数据轻量化的效果，从而降低计算成本。

3.1.1 采样算法

点云数据通常数据量庞大，数据冗余度高。为了降低计算成本，需要从大量数据点中筛选出能够较好保留数据特征的点云，用来替代原点云数据进行相关操作。筛选的过程就是下采样（也称降采样），其本质就是将点云数据均匀化和轻量化的过程。

点云数据采样的常规方法包括随机采样、均匀采样、体素化采样等[1]。随机采样，通过随机选择出固定数量的点实现数据下采样；这种采样方式的速度快，但由于每个点被选到的概率相同，若原点云分布不均匀，那么采样后的点云同样不均匀，因此随机采样适用于本身较为均匀的点云数据。均匀采样是把点云划分至同等大小的空间网格，选出每个网格里离网格中心最近的点代替网格内的所有点，这样采样后的点云是均匀的，并且仍旧是原点云中的点；若原点云分布不均匀，则进行均匀采样后，点云将变得均匀。体素化降采样与均匀采样思路接近，但采样后的点云不再是原点云中的点。体素化降采样方法的基本思路是对三维空间进行体素化，也就是将点云数据集所占据的三维空间划分成多个立方体，每个立方体称为一个体素；每个体素内的所有点云数据以其重心或随机选择一点作为代表，从而有效减少点云数据中的数据点数量。体素化降采样的步骤如下：

（1）给定点云数据集 $D = \{p_i | i=1, \cdots, m\}$，设定体素的立方体边长 d_t，并按下式获取 D 的坐标极值 x_{max}、x_{min}、y_{max}、y_{min}、z_{max}、z_{min}：

$$x_{\max} = \max\{x_1, x_2, \cdots, x_m\} \tag{3.1-1}$$

$$x_{\min} = \min\{x_1, x_2, \cdots, x_m\} \tag{3.1-2}$$

$$y_{\max} = \max\{y_1, y_2, \cdots, y_m\} \tag{3.1-3}$$

$$y_{\min} = \min\{y_1, y_2, \cdots, y_m\} \tag{3.1-4}$$

$$z_{\max} = \max\{z_1, z_2, \cdots, z_m\} \tag{3.1-5}$$

$$z_{\min} = \min\{z_1, z_2, \cdots, z_m\} \tag{3.1-6}$$

上式中，(x_i, y_i, z_i) 为点 $\boldsymbol{p}_i$ 的坐标。

（2）根据坐标极值，得到 $\boldsymbol{D}$ 的轴对齐包围盒。根据设定的体素尺寸 d_t 对包围盒进行体素化，体素的总数量为 $D_x \times D_y \times D_z$，$D_x$，$D_y$，$D_z$ 按下式计算：

$$D_x = (x_{\max} - x_{\min})/d_t \tag{3.1-7}$$

$$D_y = (y_{\max} - y_{\min})/d_t \tag{3.1-8}$$

$$D_z = (z_{\max} - z_{\min})/d_t \tag{3.1-9}$$

上式中，D_x，D_y，D_z 需向上取整。

（3）遍历点云数据集 $\boldsymbol{D}$，按下式计算所有点的索引值 h_i：

$$h_{ix} = \lfloor (x_i - x_{\min})/d_t \rfloor \tag{3.1-10}$$

$$h_{iy} = \lfloor (y_i - y_{\min})/d_t \rfloor \tag{3.1-11}$$

$$h_{iz} = \lfloor (z_i - z_{\min})/d_t \rfloor \tag{3.1-12}$$

$$h_i = h_{ix} + h_{iy}D_x + h_{iz} \times D_x \times D_y \tag{3.1-13}$$

上式中，$\lfloor \ \rfloor$ 代表向下取整运算，例如，采用式（3.1-10）计算结果为 3.23 时，向下取整为 3。索引值 h_i 就是数据点的分类标签，每个体素内的点具有相同的索引值，不同体素内的点索引值不同。

（4）按照索引值对点云数据集 $\boldsymbol{D}$ 进行分类，分类后的 $\boldsymbol{D}$ 表示为：

$$\boldsymbol{D} = \{\boldsymbol{q}_{k1}^1, \boldsymbol{q}_{k1}^2, \cdots, \boldsymbol{q}_{kn}^1, \boldsymbol{q}_{kn}^2 \cdots\} \tag{3.1-14}$$

式中，$\boldsymbol{q}_{k1}^j$ 表示索引值为 $k1$ 的第 j 个点。

（5）索引值相同的点集用其重心进行代替，从而得到体素化采样后的点云数据集 $\boldsymbol{D}^s$。

$$\boldsymbol{D}^s = \{\boldsymbol{q}_{k1}, \cdots, \boldsymbol{q}_{kn}\} \tag{3.1-15}$$

上式中，$\boldsymbol{q}_{k1}$ 代表索引值为 $k1$ 的点集重心，按下式求得：

$$\boldsymbol{q}_{k1} = \frac{1}{t} \sum_{j=1}^{t} \boldsymbol{q}_{k1}^j \tag{3.1-16}$$

上式中，t 表示索引值为 $k1$ 的点的数量。

体素化采样的简单示例见图 3.1-1。根据上述步骤对某伸臂桁架构件的点云数据进行体素化降采样，设置体素尺寸为 $d_t = 30\text{mm}$；采样结果见图 3.1-2：点云数据的点数从 11178899 降到了 69103，采样后的点分布也比较均匀。

3.1.2　滤波算法

三维激光扫描过程中，由于设备自身原因，可能产生边缘伪像点或波动噪点等，从而导致点云数据中包含噪点或离群点。由图 3.1-3（a）可见，构件的拐角处有明显的噪点，这些噪点是在构件边缘的密集点云区之外。点云处理中，需要将这些噪点剔除，而采用滤波算法（滤波器）是剔除这些噪点的有效方法。点云数据处理中，常用的滤波器包括

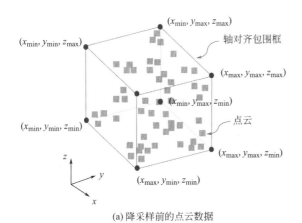

(a) 降采样前的点云数据

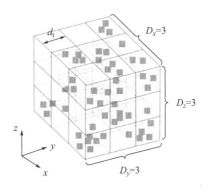

(b) 体素化

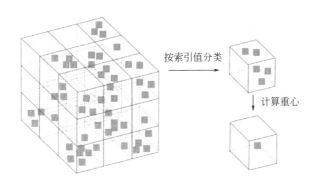

(c) 降采样

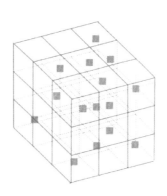

(d) 降采样后的点云数据

图 3.1-1　体素化采样示例

(a) 采样前的点云数据(点数量：11178899)

(b) 采样后的点云数据(点数量：69103)

图 3.1-2　伸臂桁架的体素化采样

Statistical outlier removal（统计离群点剔除）滤波器和 Radius outlier removal（半径离群点剔除）滤波器。此外，点云数据经常需要进行图像二值化处理，即将点云数据投影到平面上，形成像素点值为 0 或 1 的图像；此时常采用图像滤波器，包括高斯滤波、导向滤波和边窗滤波等。高斯滤波、导向滤波和边窗滤波也可以直接对点云数据进行滤波。

1. Statistical outlier removal 滤波器

Statistical outlier removal 滤波器的基本原理是通过统计每个点与其 k 最近邻点的平均距离 d 来判别离群点[2]，k 最近邻的基本概念详见 3.3.1 节。Statistical outlier removal 滤波器假设所有点的 d 满足由均值 μ 和标准差 σ 决定的高斯分布，距离阈值 d_{limt} 可设置为均值 μ 与（1~3）σ 之和。若点 $\boldsymbol{p}$ 与其 k 最近邻点的平均距离 d 大于距离阈值 d_{limt}，则点 $\boldsymbol{p}$ 判别为离群点。Statistical outlier removal 滤波的步骤如下：

（1）给定点云数据集 $\boldsymbol{D}=\{\boldsymbol{p}_1, \boldsymbol{p}_2, \cdots, \boldsymbol{p}_m\}$，计算每个点与其 k 最近邻点的平均距离 d，得到点云数据集 $\boldsymbol{D}$ 对应的平均距离集合 $\boldsymbol{S}=\{d_1, d_2, \cdots, d_m\}$，并设置距离阈值 d_{limt}；

（2）根据集合 $\boldsymbol{S}$，计算平均距离的均值 μ 和标准差 σ，从而得到距离阈值 d_{limt}；

（3）遍历点云数据集 $\boldsymbol{D}$，将当前点的 d 与 d_{limt} 进行对比：$d>d_{limt}$，删除当前点；$d \leqslant d_{limt}$，保留当前点。

根据上述原理对某伸臂桁架构件的点云数据进行滤波，设置参数为 $k=10$ 且 $d_{limt}=\mu+\sigma$；滤波结果见图 3.1-3，可见 Statistical outlier removal 滤波器可以有效地剔除离群点。

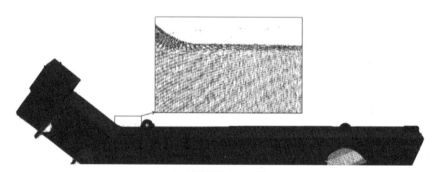

(a) 滤波前的点云数据

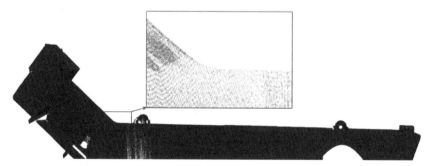

(b) 滤波后的点云数据

图 3.1-3　基于 Statistical outlier removal 滤波器的点云数据去噪

2. Radius outlier removal 滤波器

Radius outlier removal 滤波器的基本原理是通过统计每个点的 ε 邻域点数量 k 来判别离群点[3]，若点 p 的 ε 邻域点数量 k 小于预设阈值 $MinPt$，则点 p 判别为离群点；（ε，$MinPt$）被称为参数对。Radius outlier removal 滤波的步骤如下：

（1）设定参数对（ε，$MinPt$）的取值；

（2）给定点云数据集 $D = \{p_1，p_2，\cdots，p_m\}$，计算每个点的 ε 邻域点数量 k；

（3）遍历点云数据集 D，将当前点的 k 与 $MinPt$ 进行对比：$k > MinPt$，保留当前点；$k \leqslant MinPt$，删除当前点。

根据上述原理对一个圆钢管的侧面点云数据进行滤波，设置参数为：$\varepsilon = 20\text{mm}$，$MinPt = 15$。滤波结果见图 3.1-4，可见 Radius outlier removal 滤波器能够有效地保留可靠数据点。

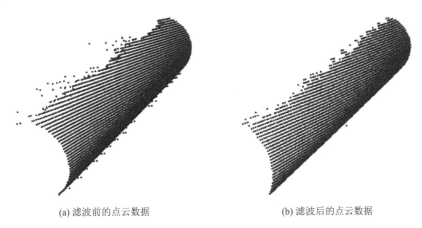

(a) 滤波前的点云数据　　　　　　　　　　　(b) 滤波后的点云数据

图 3.1-4　基于 Radius outlier removal 滤波器的点云数据去噪

3. 导向滤波器

在图像学中，导向滤波是一种边缘保持滤波器，以输入图像和引导图像作为算法的输入数据，根据引导图像信息对输入图像局部像素进行处理，得到新的像素，进而得到输出图像[4]。导向滤波本质上是一个线性滤波器；图像的滤波前某像素点 p_i 和滤波后 p_i 的对应像素点 q_i 存在如下关系：

$$q_i = \sum_{j \in w_i} W_{ij}(I) \cdot p_j \tag{3.1-17}$$

上式中，w_i 表示以滤波前像素点 p_i 为中心的滑动窗口（一个权重因子组成的矩阵式窗口，见图 3.1-5）；$W_{ij}(I)$ 是由引导图像 I 确定的权重因子，与一般窗口不同，在 w_i 这个窗口内，导向滤波器的 $W_{ij}(I)$ 值随窗口的滑动而不停变化，变化规则可根据实际需要确定。引导图像 I 的像素大小及像素点排列（行与列的排布）应该与输入图像相同。滑动窗口 w_i 的权重值根据引导图像 I 计算得到，因此 w_i 能够反映 I 的像素分布规律；将 w_i 作用于输入图像（滑动计算），就相当于将 I 的像素分布规律作用到输入图像中，使得输入图像的像素分布规律趋向于引导图像 I。

需要注意的是，$W_{ij}(I)$ 的下角标并非是矩阵的下角标编号形式，其中 i 为窗口中心点覆盖的像素点编号，j 代表窗口内的权重因子序号。以图 3.1-5 为例，w_i 是一个 3×3

的矩阵式窗口；图 3.1-5（a）中，$W_{ij}(I)$ 是这个窗口内的权重因子，j 的取值为 $1\sim9$；图 3.1-5（b）中，输入图像 P 是一个像素为 10×10 的图片，则 i 的取值为 $1\sim100$。滤波过程中，w_i 在输入图像上滑动，每次滑动后就对每个像素点进行加权计算，得到每个像素点新的像素值；滑动时窗口内的 $W_{ij}(I)$ 编号见图 3.1-5（c）。

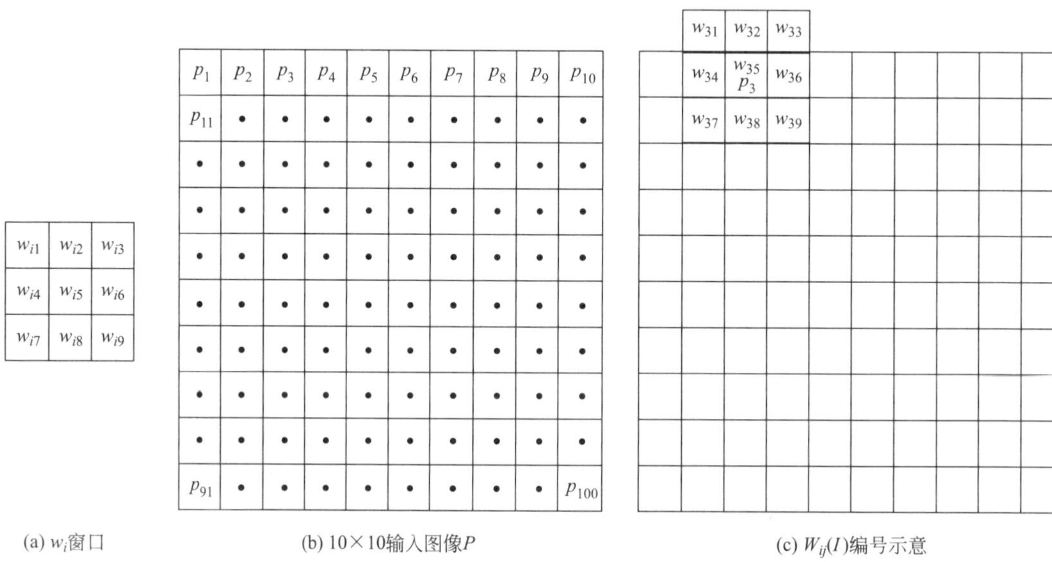

(a) w_i 窗口   (b) 10×10 输入图像 P (c) $W_{ij}(I)$ 编号示意

图 3.1-5　滑动窗口示意图

引导图像可以是任意单幅图像，也可以是输入图像本身；当引导图像就是输入图像本身时，该滤波器对输入图像有良好的保边性，并能有效避免梯度反转（反向）产生的图像局部失真。该滤波方法也广泛地应用于图像融合、图像去雾、抠图等。

导向滤波作为点云数据的滤波方法时，常采用输入点云数据 P 本身作为引导点云 I，即 $P=I$；因为我们在对点云数据进行处理时，一般只是为了降噪，而不想改变点云数据本身的分布规律。用点云数据本身作为引导点云进行滤波，获得的输出点云 Q 既比输入点云数据 P 光滑，又保留了输入点云数据的边缘信息，具体原理如下所述。

导向滤波假设输出点云与引导点云具有局部线性，关系如下：

$$q_j = A_k p_j + b_k, \quad p_j \in N(p_i) \tag{3.1-18}$$

上式中，p_i 为输入点云数据 P 中的一个点，$N(p_i)$ 是以点 p_i 为中心且半径为 r 的邻域点集，包括 p_i 在内；p_j 为引导点云（也是滤波前点云）中的数据点且 $p_j \in N(p_i)$；q_j 为滤波后的数据点，与 p_j 相对应；A_k 为仿射变换矩阵，b_k 为平移矩阵（向量），（A_k，b_k）就是一个滤波器。对于每一个点 p_i 的邻域点集 $N(p_i)$，（A_k，b_k）唯一存在而且需要被求出，即对于输入点云中的每个点，都要求得到其对应的（A_k，b_k）；可见每个邻域都是一个局部区域，都对应一个独有的（A_k，b_k），这就体现了一种局部线性关系。对式（3.1-18）两侧求梯度，可得 $\nabla q_j = A_k \nabla p_j$，可见滤波前后，所有点的梯度变化趋势一致，从而使得这种滤波方法具有良好的保边性，因为边缘点的梯度显著大于非边缘区域点的梯度。另外，p_j 可能在多个不同的 p_i 邻域内，则对于同一个 p_j，可能求出多个对应的 q_j，则需将这多个对应的 q_j 进行平均而得到最终的 q_j。

滤波的目的是去除数据中的噪声；对于点云数据，可先假定原始数据是由真实数据和噪声叠加构成：

$$\boldsymbol{p}_j = \boldsymbol{q}_j + \boldsymbol{n}_k, \ \boldsymbol{p}_j \in \boldsymbol{N}(\boldsymbol{p}_i) \tag{3.1-19}$$

上式中，$\boldsymbol{n}_k$ 即为点云噪声。工程应用中通过滤波去除噪声的同时，又希望能够尽可能保留原点云的信息，因此导向滤波的最终目标是寻找合适的 $\boldsymbol{A}_k$ 和 $\boldsymbol{b}_k$，使得输出点云数据的任意一点与原点云数据对应点的距离最小，这样得到的输出数据与原数据的差别就最小。求解中，可采用带有正则项的岭回归函数作为损失函数 $E(\boldsymbol{A}_k, \boldsymbol{b}_k)$，得到使损失函数达到最小值时的 $\boldsymbol{A}_k$ 和 $\boldsymbol{b}_k$：

$$\underset{\boldsymbol{A}_k, \boldsymbol{b}_k}{\arg\min} E(\boldsymbol{A}_k, \boldsymbol{b}_k) = \underset{\boldsymbol{A}_k, \boldsymbol{b}_k}{\arg\min} \sum_{\boldsymbol{p}_j \in \boldsymbol{N}(\boldsymbol{p}_i)} (\|\boldsymbol{A}_k \boldsymbol{p}_j + \boldsymbol{b}_k - \boldsymbol{p}_j\|^2 + \lambda \|\boldsymbol{A}_k\|_F^2) \tag{3.1-20}$$

上式中，$\boldsymbol{N}(\boldsymbol{p}_i)$ 是以点 $\boldsymbol{p}_i$ 为中心且半径为 r 的邻域点集；λ 为岭系数，$\|\boldsymbol{A}_k\|_F$ 为 Frobenius 范数，$\|\boldsymbol{A}_k\|_F = \sqrt{\text{tr}(\boldsymbol{A}_k^T \boldsymbol{A}_k)}$。该损失函数（岭回归函数）是一种改进的最小二乘估计，在最小二乘估计的基础上，加入人为设定的正则化参数 λ 以防止 $\|\boldsymbol{A}_k\|_F$ 过大。对式 (3.1-20) 中的岭回归函数求极小值，需将其分别对 $\boldsymbol{A}_k$ 和 $\boldsymbol{b}_k$ 进行求导并令导数为 0，从而求得 $\boldsymbol{A}_k$ 和 $\boldsymbol{b}_k$，推导过程如下：

$$\frac{\partial E}{\partial \boldsymbol{A}_k} = \frac{\partial \sum\limits_{\boldsymbol{p}_j \in \boldsymbol{N}(\boldsymbol{p}_i)} (\|\boldsymbol{A}_i \boldsymbol{p}_j + \boldsymbol{b}_k - \boldsymbol{p}_j\|^2 + \lambda \|\boldsymbol{A}_k\|_F^2)}{\partial \boldsymbol{A}_k}$$

$$= \frac{\partial \sum\limits_{\boldsymbol{p}_j \in \boldsymbol{N}(\boldsymbol{p}_i)} ((\boldsymbol{A}_k \boldsymbol{p}_j + \boldsymbol{b}_k - \boldsymbol{p}_j)^T (\boldsymbol{A}_k \boldsymbol{p}_j + \boldsymbol{b}_k - \boldsymbol{p}_j) + \lambda \|\boldsymbol{A}_k\|_F^2)}{\partial \boldsymbol{A}_k}$$

$$= \frac{\partial \sum\limits_{\boldsymbol{p}_j \in \boldsymbol{N}(\boldsymbol{p}_i)} (\boldsymbol{p}_j^T \boldsymbol{A}_k^T \boldsymbol{A}_k \boldsymbol{p}_j + \boldsymbol{p}_j^T \boldsymbol{A}_k^T \boldsymbol{b}_k - \boldsymbol{p}_j^T \boldsymbol{A}_k^T \boldsymbol{p}_j + \boldsymbol{b}_k^T \boldsymbol{A}_k \boldsymbol{p}_j + \boldsymbol{b}_k^T \boldsymbol{b}_k - \boldsymbol{b}_k^T \boldsymbol{p}_j + \boldsymbol{p}_j^T \boldsymbol{A}_k \boldsymbol{p}_j - \boldsymbol{p}_j^T \boldsymbol{b}_k + \boldsymbol{p}_j^T \boldsymbol{p}_j + \lambda \text{tr}(\boldsymbol{A}_k^T \boldsymbol{A}_k))}{\partial \boldsymbol{A}_k}$$

$$= \sum_{j \in \boldsymbol{N}(\boldsymbol{p}_i)} (2\boldsymbol{A}_k \boldsymbol{p}_j \boldsymbol{p}_j^T + \boldsymbol{b}_k \boldsymbol{p}_j^T - \boldsymbol{p}_j \boldsymbol{p}_j^T + \boldsymbol{b}_k \boldsymbol{p}_j^T - \boldsymbol{p}_j \boldsymbol{p}_j^T + 2\lambda \boldsymbol{A}_k)$$

$$= 2\boldsymbol{A}_k \sum_{\boldsymbol{p}_j \in \boldsymbol{N}(\boldsymbol{p}_i)} (\boldsymbol{p}_j \boldsymbol{p}_j^T + \lambda \boldsymbol{I}) + 2\boldsymbol{b}_k \sum_{\boldsymbol{p}_j \in \boldsymbol{N}(\boldsymbol{p}_i)} \boldsymbol{p}_j^T - 2 \sum_{\boldsymbol{p}_j \in \boldsymbol{N}(\boldsymbol{p}_i)} \boldsymbol{p}_j \boldsymbol{p}_j^T = 0 \tag{3.1-21}$$

整理得到：

$$\boldsymbol{A}_k \sum_{\boldsymbol{p}_j \in \boldsymbol{N}(\boldsymbol{p}_i)} (\boldsymbol{p}_j \boldsymbol{p}_j^T + \lambda \boldsymbol{I}) + \boldsymbol{b}_k \sum_{\boldsymbol{p}_j \in \boldsymbol{N}(\boldsymbol{p}_i)} \boldsymbol{p}_j^T - \sum_{\boldsymbol{p}_j \in \boldsymbol{N}(\boldsymbol{p}_i)} \boldsymbol{p}_j \boldsymbol{p}_j^T = 0 \tag{3.1-22}$$

$$\frac{\partial E}{\partial \boldsymbol{b}_k} = \frac{\partial \sum\limits_{\boldsymbol{p}_j \in \boldsymbol{N}(\boldsymbol{p}_i)} (\|\boldsymbol{A}_k \boldsymbol{p}_j + \boldsymbol{b}_k - \boldsymbol{p}_j\|^2 + \lambda \|\boldsymbol{A}_k\|_F^2)}{\partial \boldsymbol{b}_k}$$

$$= \frac{\partial \sum\limits_{\boldsymbol{p}_j \in \boldsymbol{N}(\boldsymbol{p}_i)} ((\boldsymbol{A}_k \boldsymbol{p}_j + \boldsymbol{b}_k - \boldsymbol{p}_j)^T (\boldsymbol{A}_k \boldsymbol{p}_j + \boldsymbol{b}_k - \boldsymbol{p}_j) + \lambda \|\boldsymbol{A}_k\|_F^2)}{\partial \boldsymbol{b}_k}$$

$$= \frac{\partial \sum\limits_{\boldsymbol{p}_j \in \boldsymbol{N}(\boldsymbol{p}_i)} (\boldsymbol{p}_j^T \boldsymbol{A}_k^T \boldsymbol{A}_k \boldsymbol{p}_j + \boldsymbol{p}_j^T \boldsymbol{A}_k^T \boldsymbol{b}_k - \boldsymbol{p}_j^T \boldsymbol{A}_k^T \boldsymbol{p}_j + \boldsymbol{b}_k^T \boldsymbol{A}_k \boldsymbol{p}_j + \boldsymbol{b}_k^T \boldsymbol{b}_k - \boldsymbol{b}_k^T \boldsymbol{p}_j + \boldsymbol{p}_j^T \boldsymbol{A}_k \boldsymbol{p}_j - \boldsymbol{p}_j^T \boldsymbol{b}_k + \boldsymbol{p}_j^T \boldsymbol{p}_j + \lambda \text{tr}(\boldsymbol{A}_k^T \boldsymbol{A}_k))}{\partial \boldsymbol{b}_k}$$

$$= \sum_{\boldsymbol{p}_j \in \boldsymbol{N}(\boldsymbol{p}_i)} (\boldsymbol{A}_k \boldsymbol{p}_j + \boldsymbol{A}_k \boldsymbol{p}_j + 2\boldsymbol{b}_k - \boldsymbol{p}_j - \boldsymbol{p}_j)$$

$$= \sum_{\boldsymbol{p}_j \in \boldsymbol{N}(\boldsymbol{p}_i)} (2\boldsymbol{A}_k \boldsymbol{p}_j + 2\boldsymbol{b}_k - 2\boldsymbol{p}_j) = 0 \tag{3.1-23}$$

整理得到：

$$b_k = \frac{1}{n} \sum_{p_j \in N(p_i)} p_j - \frac{1}{n} \sum_{p_j \in N(p_i)} A_k p_j = \mu_i - A_k \mu_i \quad (3.1\text{-}24)$$

上式中，μ_i 为 $N(p_i)$ 的均值，n 为邻域 $N(p_i)$ 中点的数量。

将式（3.1-24）代入式（3.1-22），可得：

$$A_k = \Sigma_i (\Sigma_i + \lambda I)^{-1} \quad (3.1\text{-}25)$$

上式中，Σ_i 代表 $N(p_i)$ 的协方差矩阵，I 为单位矩阵。

上述过程即完成了每个点邻域 $N(p_i)$ 对应（A_k，b_k）的求解。

导向滤波算法的具体步骤如下：

（1）给定点云数据集 $D = \{p_1, p_2, \cdots, p_m\}$，获取某一点 p_i 的半径邻域点集 $N(p_i)$；

（2）根据邻域点集 $N(p_i)$，按式（3.1-24）和式（3.1-25）计算变换矩阵 A_k 和 b_k；

（3）根据变换矩阵 A_k 和 b_k，按式（3.1-18）计算 p_i 滤波后的坐标 q_i；

（4）重复步骤（1）～（3），直至所有点均被遍历；注意，最终的 q_i 应取平均值。

根据上述原理对圆钢管的侧面点云数据进行滤波，结果如图 3.1-6 所示，可见导向滤波在点云数据去噪的过程中具有良好的保边性。

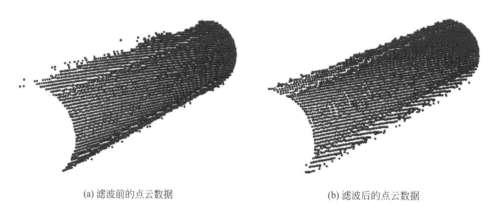

(a) 滤波前的点云数据　　　　　　　　　　　　　　(b) 滤波后的点云数据

图 3.1-6　基于导向滤波器的点云数据去噪

4. 高斯滤波器

高斯滤波的本质是对图像像素点进行加权平均[5]。本书中，高斯滤波是指用于灰度图像的滤波，图像在滤波前任意像素点 p_i 和滤波后 p_i 的对应像素点 q_i 存在如下关系：

$$q_i = \sum_{j \in w_i} W_{ij} \cdot p_j \quad (3.1\text{-}26)$$

上式中，W_{ij} 为权重因子，服从二维高斯分布，根据高斯分布的参数不同，权重因子也不同；p_j 代表以 p_i 为中心的窗口 w_i 内的像素点，窗口 w_i 为一个像素点组成的矩阵区域。二维高斯分布为：

$$G(x, y) = \frac{1}{2\pi\sigma^2} \exp\left(\frac{x^2 + y^2}{2\sigma^2}\right) \quad (3.1\text{-}27)$$

上式中，x，y 分别代表像素点 p_i 与像素中心点 p_j 的坐标差（相差几个像素点格子），σ 为标准差，可根据需要设定，σ 越大则 W_{ij} 的离散程度越高。当窗口 w_i 的尺寸为 5×5 时，权重因子 W_{ij} 的一种分布见图 3.1-7，其中 $\sum W_{ij} = 1$。

高斯滤波算法的步骤如下：

（1）设定窗口尺寸和标准差 σ，按式（3.1-27）计算权重因子；

（2）遍历图像的每个像素点，按式（3.1-26）更新像素点的灰度值。

由上述步骤可见，每个像素点都是结合周围像素点的灰度值进行了加权平均计算，相当于整个图像进行了平滑处理。采用高斯滤波对某钢拱肋侧面点云数据的二值化图像进行滤波，设置窗口尺寸为 5×5，并设标准差 $\sigma=1.5$；滤波结果见图 3.1-8，可见钢拱肋侧面点云变得平滑，圆圈中的噪声也被滤除，即高斯滤波器可有效地克服斑点。

$\frac{1}{273}$

1	4	7	4	1
4	16	26	16	4
7	26	41	26	7
4	16	26	16	4
1	4	7	4	1

图 3.1-7 高斯滤波器的权重因子

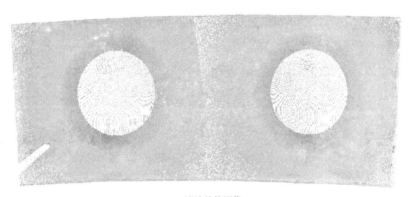

(a) 滤波前的图像

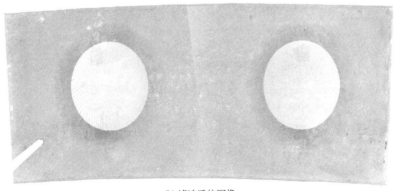

(b) 滤波后的图像

图 3.1-8 基于高斯滤波器的图像去噪

5. 边窗滤波器

高斯滤波属于各向同性滤波，对噪点和纹理（像素值突变区域）采用同样的处理方式，会导致纹理被磨平。如果要实现图像去噪的同时还能保留纹理，可采用边窗滤波器[6]。对于边窗滤波器，滤波前像素点 p_i 和滤波后对应像素点 q_i 的关系仍采用式（3.1-26），但权重因子的分布形式发生了变化，不再是高斯分布。边窗滤波器通过合理设置权重因子分布实现待处理像素点放在窗口边缘的效果，权重因子分布形式见图 3.1-9。图中 8 类权重因子分布形式模拟了 8 种边缘模型，滤波时用这 8 种模型分别与待处理像素点进行计算，获取 8 个候选像素值，并选择 8 个中最接近原像素值的那个作为新的像素值；这样可保证选取的边缘模型与原图像中局部区块边缘形状最相似（图 3.1-10a），从而使得滤波器对于边缘处的像素弱化最小，实现保边效果。

$$\frac{1}{4}\begin{bmatrix} 1 & 1 & 0 \\ 1 & 1 & 0 \\ 0 & 0 & 0 \end{bmatrix} \quad \frac{1}{4}\begin{bmatrix} 0 & 1 & 1 \\ 0 & 1 & 1 \\ 0 & 0 & 0 \end{bmatrix} \quad \frac{1}{4}\begin{bmatrix} 0 & 0 & 0 \\ 1 & 1 & 0 \\ 1 & 1 & 0 \end{bmatrix} \quad \frac{1}{4}\begin{bmatrix} 0 & 0 & 0 \\ 0 & 1 & 1 \\ 0 & 1 & 1 \end{bmatrix}$$

(a) 左上   (b) 右上   (c) 左下   (d) 右下

$$\frac{1}{6}\begin{bmatrix} 1 & 1 & 1 \\ 1 & 1 & 1 \\ 0 & 0 & 0 \end{bmatrix} \quad \frac{1}{6}\begin{bmatrix} 0 & 0 & 0 \\ 1 & 1 & 1 \\ 1 & 1 & 1 \end{bmatrix} \quad \frac{1}{6}\begin{bmatrix} 1 & 1 & 0 \\ 1 & 1 & 0 \\ 1 & 1 & 0 \end{bmatrix} \quad \frac{1}{6}\begin{bmatrix} 0 & 1 & 1 \\ 0 & 1 & 1 \\ 0 & 1 & 1 \end{bmatrix}$$

(e) 上   (f) 下   (g) 左   (h) 右

图 3.1-9　边窗滤波器权重因子

边窗滤波的步骤如下：

（1）对于任意的一个像素点 p_i，根据图 3.1-9 中的 8 种边窗滤波器权重因子和式（3.1-26）得到像素点的 8 个候选灰度值；

（2）从 8 个候选的灰度值选出与原像素灰度值偏差最小的灰度值 q_i，再用 q_i 替代 p_i；

（3）重复步骤（1）和（2），直至所有像素点均被遍历。

采用边窗滤波对一个纸标靶点云数据的二值化图像进行滤波，结果见图 3.1-10，可见边窗滤波器在图像平滑的过程中具有良好的保边性。

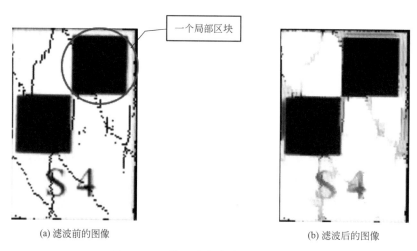

(a) 滤波前的图像   (b) 滤波后的图像

一个局部区块

图 3.1-10　基于边窗滤波器的图像去噪

3.1.3　形态学处理算法

由于点云数据常常面临着局部点云缺失、噪点的问题，导致点云数据的二值化图像常常掺杂孔洞或斑点，如图 3.1-11 所示，则后续处理难度大，因此常需对二值化图像进行

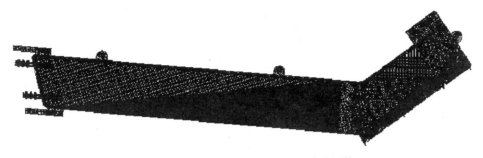

图 3.1-11　伸臂桁架点云数据的二值化图像

形态学处理。

　　形态学处理是图像处理中应用最为广泛的方法之一，其基本思想是利用一种特殊的结构元来测量或提取图像中相应的形状或特征[7]。结构元是定义的一种特殊邻域结构，其本质也是一个滑动窗口矩阵，矩阵的元素值是 0 或 1，见图 3.1-12。结构元有一个锚点 O，锚点 O 一般为结构元的中心，也可以根据图像处理需求而确定锚点在结构元中的位置。图 3.1-12 为两种常用的结构元形式：十字形和矩形，十字形结构元中，值为 1 的元素呈十字形布置。

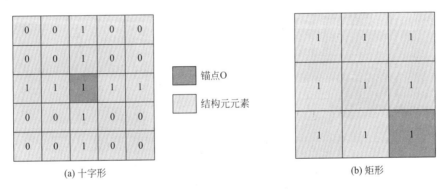

(a) 十字形 　　　　　　　　　　　　　　　　　　(b) 矩形

图 3.1-12　结构元的形式

　　形态学的基本运算包括膨胀运算、腐蚀运算、开运算和闭运算四种。

　　（1）膨胀运算：将结构元 S 在图像 f 上以单个像素点为步长依次滑动，对应于每个滑动步长，锚点都会锚定一个像素点 p_i，则 p_i 的灰度值随之发生变化；此时结构元中灰度值为 1 的元素（含锚点）会覆盖图像 f 的几个像素点，这几个像素点中会有灰度最大值，则 p_i 的灰度值就变化为这个最大值。这是一个膨胀运算过程。图 3.1-13 为一个膨胀计算的示例，为了便于观察，假设每个方格为一个像素，深色方格灰度值设为 1，浅色方格灰度值设为 0。图 3.1-14 为膨胀计算的详细过程；用结构元 S 对图像 f 进行膨胀处理时，第一步将结构元锚点 O 锚定图像左上角第一个像素 p_1，此时结构元中灰度值为 1 的元素覆盖图像 f 的像素点 p_2 和 p_9，这三个像素的灰度值相同，则 p_1 灰度值不变。第四步中，锚点 O 锚定图像像素 p_4，此时结构元中灰度值为 1 的元素覆盖图像 f 的像素点 p_3、p_4、p_5 和 p_{12}（图 3.1-14e），这四个像素中的 p_{12} 灰度值最大，则 p_4 的灰度值就变化为 p_{12} 的灰度值，即设为 1（图 3.1-14f）。结构元依次遍历图像每个像素，最终得到的图像是一个像素点值为 1 的区域膨胀后的图像，见图 3.1-14 （j）。

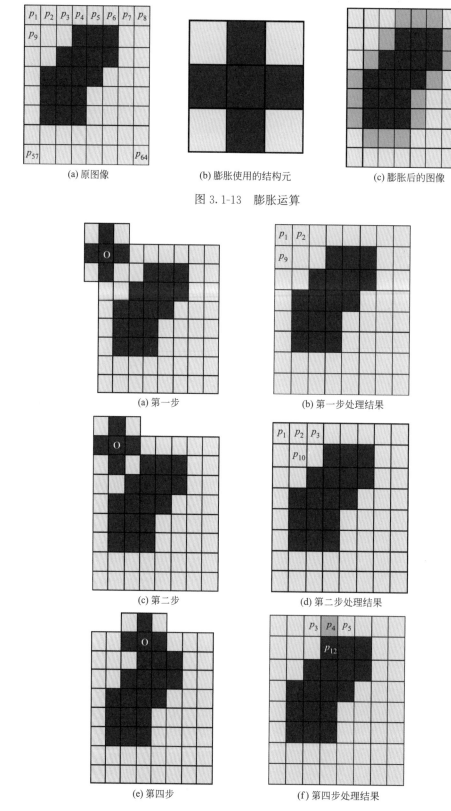

(a) 原图像　　　　　(b) 膨胀使用的结构元　　　　　(c) 膨胀后的图像

图 3.1-13　膨胀运算

(a) 第一步　　　　　　　　　　　(b) 第一步处理结果

(c) 第二步　　　　　　　　　　　(d) 第二步处理结果

(e) 第四步　　　　　　　　　　　(f) 第四步处理结果

图 3.1-14　膨胀运算过程示意图（一）

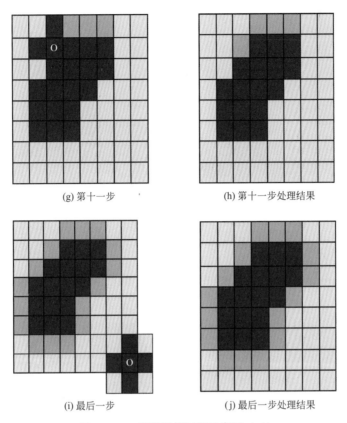

(g) 第十一步　　　　　　　　　　　　(h) 第十一步处理结果

(i) 最后一步　　　　　　　　　　　　(j) 最后一步处理结果

图 3.1-14　膨胀运算过程示意图（二）

（2）腐蚀运算：与膨胀运算相反，在滑动过程中，将 p_i 的灰度值变成相应的最小值，这会把图像 f 上的一部分像素点的灰度值由 1 变为 0，相当于对图像进行了腐蚀缩小，见图 3.1-15。

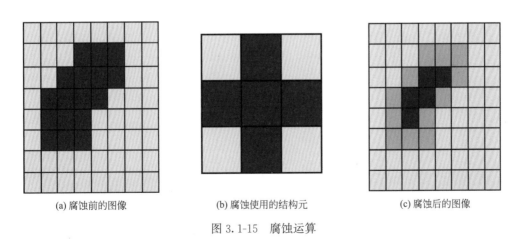

(a) 腐蚀前的图像　　　　　　　(b) 腐蚀使用的结构元　　　　　　(c) 腐蚀后的图像

图 3.1-15　腐蚀运算

（3）开运算：将结构元 S 在图像 f 上滑动，先腐蚀再膨胀，即可实现开运算，见图 3.1-16。开运算可能会将一个完整图形分成几部分。开运算实际效果相当于利用腐蚀运算对局部像素求最小值，消除物体边界点及小于结构元的噪声点（细小噪声）；再利用膨胀操作对腐蚀后的像素求局部最大值，将与物体接触的所有背景点合并到物体中，恢复边界点；可见，开运算具有消除细小物体（噪声），在纤细处分离物体和平滑较大物体边界的作用。

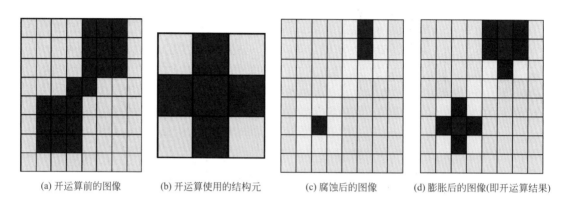

(a) 开运算前的图像　　(b) 开运算使用的结构元　　(c) 腐蚀后的图像　　(d) 膨胀后的图像(即开运算结果)

图 3.1-16　开运算

（4）闭运算：将结构元 S 在图像 f 滑动，先膨胀再腐蚀，即可实现闭运算，见图 3.1-17。闭运算具有填充物体内细小空洞，连接邻近物体和平滑边界的作用。

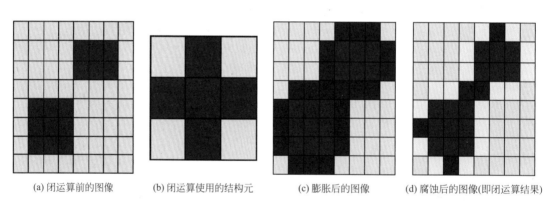

(a) 闭运算前的图像　　(b) 闭运算使用的结构元　　(c) 膨胀后的图像　　(d) 腐蚀后的图像(即闭运算结果)

图 3.1-17　闭运算

根据上述原理对某伸臂桁架构件点云数据映射的二值化图像进行开运算，结果见图 3.1-18，可见开运算可以较好地填充图像斑点处的像素。

(a) 开运算前的图像　　　　　　　　　　(b) 开运算后的图像

图 3.1-18　基于开运算的图像斑点去除

3.1.4 降维算法

对分布具有平面性的点云数据，常常需要采用降维算法进行预处理。主成分分析是点云数据降维的重要手段，其核心思想是要将向量数据的维数降低且尽量减少数据信息的丢失。

主成分分析的具体步骤如下[8]：

（1）给定点云数据集 $\boldsymbol{D} = \{\boldsymbol{p}_1, \boldsymbol{p}_2, \cdots, \boldsymbol{p}_m\}$，用 $3 \times m$ 的矩阵 $\boldsymbol{X}$ 表示点云数据集 $\boldsymbol{D}$，$\boldsymbol{X}$ 的每一列就是一个点云数据（三维位置向量）；对矩阵 $\boldsymbol{X}$ 进行去中心化处理：

$$x'_{ij} = x_{ij} - \frac{1}{m}\sum_{j=1}^{m} x_{ij} \tag{3.1-28}$$

上式中：x_{ij} 为矩阵 $\boldsymbol{X}$ 的第 i 行第 j 列的元素。

（2）计算协方差矩阵 $\boldsymbol{C}$：

$$\boldsymbol{C} = \frac{1}{m}\boldsymbol{X}'\boldsymbol{X}'^{\mathrm{T}} \tag{3.1-29}$$

（3）对协方差矩阵 $\boldsymbol{C}$ 进行特征值分解：

$$\boldsymbol{C} = \boldsymbol{P}\boldsymbol{\Lambda}\boldsymbol{P}^{-1} \tag{3.1-30}$$

$$\boldsymbol{\Lambda} = \begin{bmatrix} \lambda_1 & & \\ & \lambda_2 & \\ & & \lambda_3 \end{bmatrix} \tag{3.1-31}$$

$$\boldsymbol{P} = \begin{bmatrix} \boldsymbol{w}_1 & \boldsymbol{w}_2 & \boldsymbol{w}_3 \end{bmatrix} \tag{3.1-32}$$

上式中，$\boldsymbol{\Lambda}$ 为对角矩阵，λ_1、λ_2、λ_3 分别为 $\boldsymbol{C}$ 的特征值；$\boldsymbol{P}$ 为单位正交矩阵，$\boldsymbol{w}_1$、$\boldsymbol{w}_2$、$\boldsymbol{w}_3$ 分别为对应于特征值 λ_1、λ_2、λ_3 的特征向量。

（4）对特征值进行降序排列，假设有 $\lambda_1 > \lambda_2 > \lambda_3$，如果降维到二维空间，则前 2 个特征值所对应的特征向量构成投影矩阵 $\boldsymbol{W}$：

$$\boldsymbol{W} = \begin{bmatrix} \boldsymbol{w}_1 & \boldsymbol{w}_2 \end{bmatrix} \tag{3.1-33}$$

（5）按下式将点云数据集 $\boldsymbol{D}$ 从三维空间向二维空间进行投影：

$$\boldsymbol{Y} = \boldsymbol{W}^{\mathrm{T}}\boldsymbol{X} \tag{3.1-34}$$

上式中，$\boldsymbol{Y}$ 为点云数据集 $\boldsymbol{D}$ 降维后的坐标矩阵。

根据上述算法对三维平面点云数据进行降维，结果如图 3.1-19 所示，可见主成分分析有效地保留了数据的主要特征。

3.1.5 数据结构化算法

点云数据具有明显的无序性，即点与点之间无任何拓扑关系，这给点云数据的搜寻带来较大困难。为加快点云数据的搜寻速度，需要对点云数据进行结构化。目前，常用的点云数据结构包括 k-d 树和八叉树，k-d 树和八叉树均是按照一定的划分规则把三维空间划分成了多个子空间。

1. k-d 树

k-d 树本质上是多维二叉树，可以实现对点云数据在不同维度进行划分[9]。k-d 树的划分规则：依次从 k 维度中选取第 i 维度作为当前层的划分依据，第 i 维度上的中位点对应的点作为根节点，第 i 维度的坐标小于根节点被划分为左子树，第 i 维度的坐标大于根

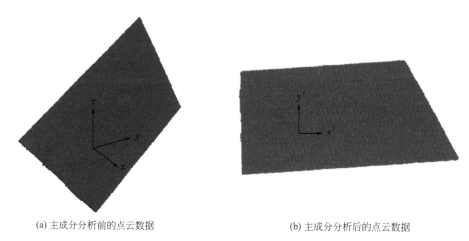

(a) 主成分分析前的点云数据　　　　　　(b) 主成分分析后的点云数据

图 3.1-19　基于主成分分析的点云数据降维

节点被划分为右子树。

k-d 树建立的具体步骤如下：

（1）给定点云数据集 $D=\{p_1, p_2, \cdots, p_m\}$，统计 D 在每个维度上的数据方差，选择最大方差对应的维度 i；

（2）获取点云数据集 $D=\{p_1, p_2, \cdots, p_m\}$ 在第 i 维度上的中位点 p_i；

（3）以 p_i 为参考点，在第 i 维度上对点云数据集 D 进行划分，得到左子树数据 D_l 和右子树数据 D_r；用 $D=(D_l, D_r)$ 建立二叉树；

（4）分别按步骤（1）～（3）对 D_l 和 D_r 进行处理，直至新建的二叉树为空。

图 3.1-20 为建立 k-d 树的示例。

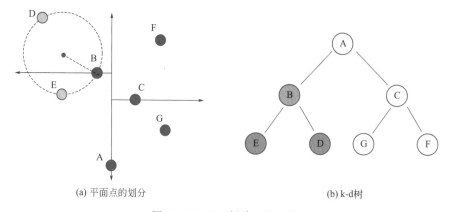

(a) 平面点的划分　　　　　　　　(b) k-d树

图 3.1-20　k-d 树建立的示例

2. 八叉树

八叉树是一种用于描述三维空间的树状数据结构，每一个节点表示一个正方体的体积元素，每个节点有八个子节点，八个子节点所表示的体积元素加在一起就等于父节点的体积[10]。八叉数划分的规则：递归地将空间划分为 8 等份，给每个子空间分配点云数据，直至达到最大递归深度。

八叉树建立的具体步骤如下：

（1）设定最大递归深度；

（2）给定点云数据集 $D = \{p_1, p_2, \cdots, p_m\}$，确定 D 的轴对齐包围盒 B_a；

（3）将空间网格 B_a 划分为 8 等份，给每个子空间分配点云数据；

（4）若子空间的数据点数量小于某一阈值，停止该子空间的划分；否则，分别按步骤（3）对子空间进行处理，直至达到最大递归深度。

图 3.1-21 给出了八叉树建立的示例。

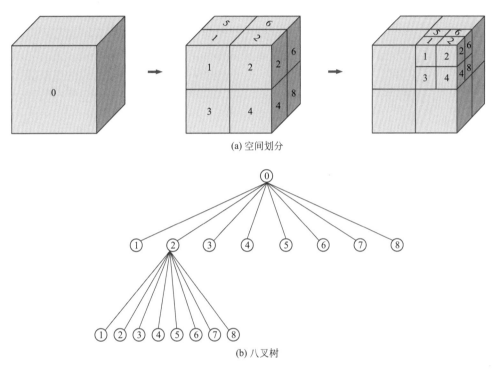

(a) 空间划分

(b) 八叉树

图 3.1-21　八叉树建立的示例

3.2　点云数据检测算法

构件的智能数字化尺寸检测及预拼装计算中，拼接控制点、螺栓孔中心、管结构中心轴、构件角点、构件轮廓线等部位均为十分重要的特征，需要采用点云数据检测算法对这些部位进行定位。此外，球标靶和纸标靶是点云数据配准的基准点，也需要通过点云数据检测算法进行定位。

3.2.1　随机采样一致性算法

随机采样一致性算法是一种随机参数估计算法，可以从含有噪点的点云数据中检测出直线、圆、平面和球等特征。随机采样一致性算法的基本原理是：确定要估计的参数模型类型（直线、圆、平面和球等），随机从样本集 Ω 中采集样本子集 ω 进行模型参数的估计，通过多次计算，将样本集中的所有点分为符合模型的数据点（内点）和不符合模型的异常数据点[11]。图 3.2-1 为不同迭代步数拟合的直线模型，蓝色的点表示在阈值范围内满足直线模型的点（当前迭代步），即直线模型的内点，红色的点则统称为异常点。随机采样一致性算法选取所有迭代中内点数量最多的模型作为目标模型（所求模型），如图 3.2-1 (b) 所示。

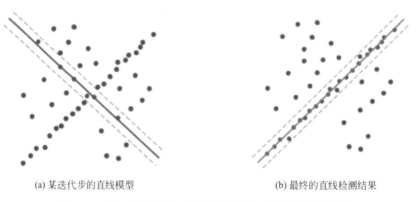

(a) 某迭代步的直线模型　　　　　　　(b) 最终的直线检测结果

图 3.2-1　基于随机采样一致性算法的点云数据检测示意图

随机采样一致性算法的可靠性由计算次数保证，每次采样都采出一个样本子集 $\boldsymbol{\omega}$。设 γ 为目标模型的任一内点从样本集 $\boldsymbol{\Omega}$ 中被选中的概率，η 为 k 次采样中至少有一次成功检测出目标模型的概率，s 为样本子集中样本点的数量。从 $\boldsymbol{\Omega}$ 中随机采集一个样本子集 $\boldsymbol{\omega}_i$，则 $\boldsymbol{\omega}_i$ 中的 s 个点均为内点（即采样成功）的概率为 γ^s，s 个点中至少有一个外点（即采样失败）的概率为 $1-\gamma^s$；则 k 次采样全部失败的概率为 $(1-\gamma^s)^k$，k 次采样中至少有一次成功的概率为 $\eta=1-(1-\gamma^s)^k$，将此式进行移项操作得到 $(1-\gamma^s)^k=1-\eta$，再对两侧取对数，即可得到迭代次数 k 的计算公式（3.2-1）。利用式（3.2-1）计算得到的次数 k 进行 k 次计算，一定能够估计出目标模型的参数，保证了模型参数估计的可靠性。

$$k=\ln(1-\eta)/\ln(1-\gamma^s) \tag{3.2-1}$$

上式中，γ 与 η 一般依据数据特征设定（一般根据所需拟合的形状并结合经验而确定）；点云处理中，η 一般设为 0.99。

对于某个样本集 $\boldsymbol{\Omega}$，随机采样一致性算法的具体步骤如下：

（1）确定检测目标的数学模型（直线、圆、平面和球的方程），设置参数 γ 和 η，并设置每次采样出的样本子集 $\boldsymbol{\omega}_i$ 中的样本数量 s，基于式（3.2-1）计算迭代数 k。

直线的数学模型为：

$$x=x_0+m\times t \tag{3.2-2}$$
$$y=y_0+n\times t \tag{3.2-3}$$
$$z=z_0+p\times t \tag{3.2-4}$$

上式中，(x_0,y_0,z_0) 为直线上的某一点；(m,n,p) 为直线的方向向量，t 为可变量。

圆的数学模型为：

$$(x-x_c)^2+(y-y_c)^2=r_c^2 \tag{3.2-5}$$

上式中，(x_c,y_c) 为圆心坐标；r 为圆的半径。

平面的数学模型为：

$$Ax+By+Cz+D=0 \tag{3.2-6}$$

上式中，A、B、C 和 D 均为直线参数。

球的数学模型为：

$$(x - x_{\mathrm{p}})^2 + (y - y_{\mathrm{p}})^2 + (z - z_{\mathrm{p}})^2 = r_{\mathrm{p}}^2 \qquad (3.2\text{-}7)$$

上式中，$(x_{\mathrm{p}}, y_{\mathrm{p}}, z_{\mathrm{p}})$ 为球心坐标；r_{p} 为球的半径。

（2）从样本集 $\boldsymbol{\Omega}$ 中随机抽取一个含有 s 个点的样本子集，通常 s 的值取为求解模型需要的最小点数，如平面拟合至少需要三个点，则采用随机拟合一致性算法进行平面检测时，s 可取值为 3；利用样本子集中的点拟合模型，获取模型参数。

（3）根据本次迭代确定的模型参数，计算样本集 $\boldsymbol{\Omega}$ 中所有点到此模型的距离，距离小于预设阈值的点为内点，距离大于预设阈值的点为外点，记录当前迭代步的内点数量 N。

（4）重复步骤（2）和（3），直至计算（迭代）次数达到预设阈值 k。

（5）找到内点数量 N 最大值对应的模型，并用内点对模型参数再次进行估计，得到最终的参数模型。

根据上述步骤对不同类型点云数据进行检测，设置参数为 $\gamma = 0.5$，$s = 3$；检测结果见图 3.2-2，可见随机采样一致性算法均可较为精准地检测出目标模型。

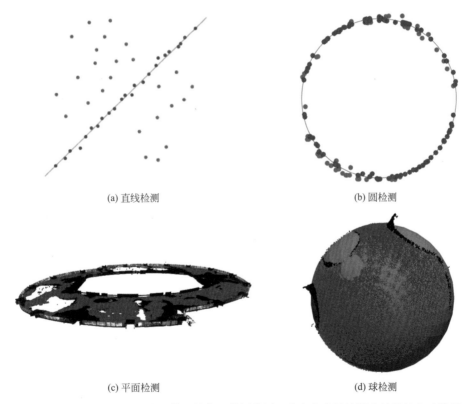

(a) 直线检测　　　　　　　　　　　　　　　　(b) 圆检测

(c) 平面检测　　　　　　　　　　　　　　　　(d) 球检测

图 3.2-2　基于随机采样一致性算法的点云数据检测（蓝色点为被检测出的目标点云数据）

3.2.2　霍夫变换算法

霍夫变换算法也是一种可检测出直线、圆、平面等特征的算法，但霍夫变换所需的内存较大，因此常被用于小样本数据的直线检测。霍夫变换检测直线算法的基本原理是：利用点与线的对偶性，将原始空间的一条直线转化为参数空间的一个点，进而将原始空间的直线检测问题转化为参数空间的峰值点检测问题[12]。

在二维空间（笛卡尔坐标系）中，经过点（x_i，y_i）的直线可以表示为：

$$y_i = k_0 x_i + b_0 \tag{3.2-8}$$

上式中，这条直线的斜率 k_0 和截距 b_0 为确定值，则（k_0，b_0）是参数空间（k，b）中的一个确定的点，参数空间（k，b）也称为霍夫空间；即笛卡尔坐标系中的一条直线对应于霍夫空间中的一个点，见图 3.2-3。注意，这里直线与点的对应关系并非是线性变换关系（即不是投影关系），而仅是一种映射关系。

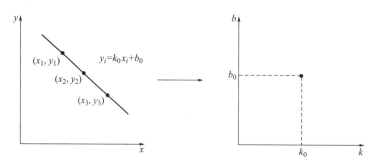

图 3.2-3 笛卡尔坐标系中一条直线对应于（k，b）参数空间中的一个点

同理，（k，b）参数空间中的一条直线也对应于笛卡尔坐标系中的一个点，见图 3.2-4；在参数空间中的一条直线，也有其确定的斜率和截距（x_0，y_0），而（x_0，y_0）就是笛卡尔坐标系中的一个确定的点，这也是一种映射关系而非投影关系。

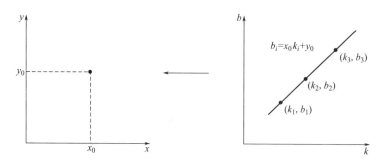

图 3.2-4 参数空间中的一条直线对应于笛卡尔坐标系中的一个点

在笛卡尔坐标系中，经过点（x_0，y_0）的直线方程为 $y_0 = kx_0 + b$，此方程可改为：

$$b = -x_0 k + y_0 \tag{3.2-9}$$

上式即为笛卡尔坐标系中的一个点（x_0，y_0）对应的霍夫空间中的一条直线。

笛卡尔坐标系中的任意两个横坐标不同的点 A 和 B，对应于霍夫空间中的两条直线，且此两条直线必相交，见图 3.2-5；因为 A 和 B 在笛卡尔坐标系中一定会确定一条唯一的直线，且此直线有确定的斜率 k_0 和截距 b_0，此时霍夫空间中与 A 和 B 对应的两条直线都经过（k_0，b_0）点，即相交于一点。笛卡尔坐标系中共线的三点 A、B、C（横坐标不同），在霍夫空间中对应于三条直线，且三条直线相交于一点，见图 3.2-6；可见，在笛卡

尔坐标系中 A、B、C 所在直线的斜率为 1 且截距为 0，则对应于霍夫空间中的三条直线均经过（1，0）点，即三条直线相交于一点。可见，在笛卡尔坐标系中共线的所有点，其在霍夫空间对应的直线均相交于一点。

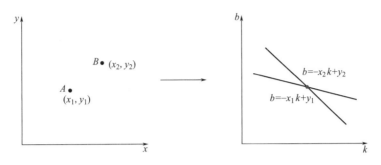

图 3.2-5　笛卡尔坐标系中任意两个点对应霍夫空间的两条直线

笛卡尔坐标系中共线的三点在霍夫空间的情形见图 3.2-6，可见在笛卡尔坐标系中共线的三个点，其在霍夫空间对应的三条直线交于一点。

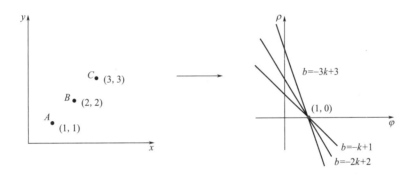

图 3.2-6　笛卡尔坐标系中共线的三点在霍夫空间的情形

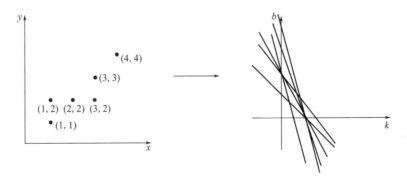

图 3.2-7　笛卡尔坐标系中可以汇聚成多条线的多个点在霍夫空间的情形

在笛卡尔坐标系中的多个不共线点，其在霍夫空间中对应于多条直线，且这多条直线不会完全相交于一点，而是会有多个交点，见图 3.2-7。在霍夫空间中选择由尽可能多直线相交而得的点，在此点所相交的所有直线对应的笛卡尔坐标系中的点，在笛卡尔坐标系中共线。霍夫空间中，相交直线数量越多的点，在笛卡尔坐标系中对应直线的共线点越多。如图 3.2-8 所示，在霍夫空间中选取了四条直线的交点（1，0），而不选取由三条直线汇成的点（0，2）以及其余由两条直线汇成的点，则从霍夫空间中选取的（1，0）这一点，对应笛卡尔坐标系中四个点所在直线。

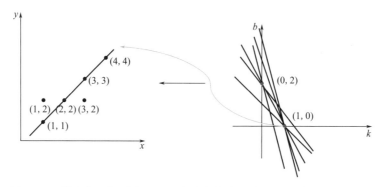

图 3.2-8　笛卡尔坐标系中可以汇聚成多条线的多个点在霍夫空间的情形

　　通过上述方法，可以利用点与线的对偶性建立笛卡尔坐标系与霍夫空间的对应关系；但当斜率 $k=\infty$ 时，无法确定对应的霍夫空间，因此可采用极坐标系代替笛卡尔坐标系。在极坐标系中，经过点 $(x_0，y_0)$ 的直线可表达为：

$$\rho = x_0\cos(\theta) + y_0\sin(\theta) \qquad (3.2\text{-}10)$$

　　上式中，ρ 为坐标原点到直线的距离；θ 为 x 轴到直线垂线的角度，取值范围为 $\pm 90°$。在极坐标系下，霍夫变换思路与上述方法一致（图 3.2-9）：将极坐标中的一个点 $(x_0，y_0)$ 对应为霍夫空间（$(\rho，\theta)$ 参数空间）的一条直线，霍夫空间中直线的每一个交点记为一个参数对 $(\rho，\theta)$，输出频数最高的几个参数对所对应的几条直线。

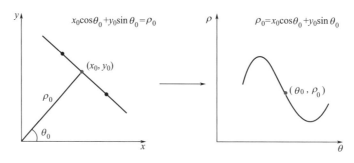

图 3.2-9　极坐标与霍夫空间的对应关系

　　采用极坐标系时，采用霍夫变换算法检测直线的具体步骤如下：

　　（1）给定点云数据集 $\boldsymbol{D} = \{\boldsymbol{p}_1，\boldsymbol{p}_2，\cdots，\boldsymbol{p}_m\}$，遍历每一个点，按式（3.2-10）计算每个点在霍夫空间中的直线方程，记录直线交点的参数对；

　　（2）统计参数对的频数，选取几个频数最高的参数对作为输出，得到几条直线。

　　图 3.3-10（a）为一组角点邻域点云数据的边缘点，采用霍夫变换进行直线检测的结果见图 3.3-10（b），可见两条直线被较为准确地检测出来。

3.2.3　角点检测算法

　　角点检测算法分为直接法和间接法，其中 Harris 是最常用的角点检测算法，属于直接法，而道格拉斯-普克算法和有向包围盒法属于间接法。

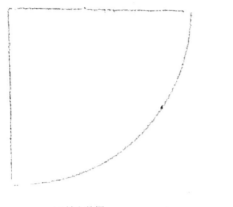

(a) 输入数据　　　　　　　　　　　　(b) 输出结果(红色线为被检测出的直线)

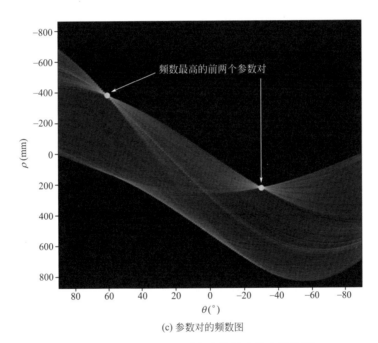

(c) 参数对的频数图

图 3.2-10　基于霍夫变换算法的直线检测

1. Harris 算法

角点是多条边缘的交点，其灰度与任何方向上的邻域像素点灰度差值较大，是图像局部曲率（梯度）突变的点，即角点的灰度梯度是局部最大值。Harris 算法充分利用这一性质，利用一个固定尺寸的窗口在图像上沿任意方向滑动，通过滑动前后窗口中像素灰度的变化程度来检测角点。滑动窗口在图像各区域沿任意方向滑动灰度值变化特点见图 3.2-11。

Harris 算法采用自相关函数 $E(u, v)$ 来描述窗口中的像素灰度变化[13]：

$$E(u, v) = \sum_{x, y \in A} w(x, y)[I(x+u, y+v) - I(x, y)]^2 \tag{3.2-11}$$

上式中，(u, v) 表示窗口的移动量；(x, y) 表示窗口覆盖的图像像素点坐标；A

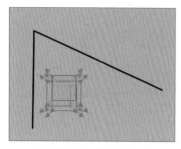 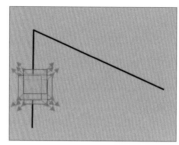 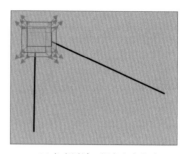

(a) 平坦区域：沿各方向移动，
灰度值无明显变化　　(b) 边缘区域：沿边缘方向移动，
灰度值无明显变化　　(c) 角点区域：沿各方向移动，
灰度值均有明显变化

图 3.2-11　固定窗口沿任意方向滑动灰度变化特性

表示滑动窗口覆盖的范围；$I(x, y)$ 表示像素点 (x, y) 的灰度值；$w(x, y)$ 表示窗口函数，最简单的窗口函数是窗口内所有像素对应的权重系数均为1，有时也会采用复杂的窗口函数，例如权重系数 $w(x, y)$ 满足以窗口中心为原点的二元正态分布；上式中，平方是指对某个像素点值取平方。利用二元函数泰勒展开公式对 $I(x+u, y+v)$ 展开，即可得 $I(x+u, y+v) \cong I(x, y)+uI_x+vI_y$，$I_x$、$I_y$ 分别指在 x 方向和 y 方向的灰度梯度，则 $E(u, v)$ 可演化为：

$$
\begin{aligned}
E(u, v) &= \sum_{x, y \in A} w(x, y)\left[I(x+u, y+v)-I(x, y)\right]^2 \\
&\cong \sum_{x, y \in A} w(x, y)\left[I(x, y)+uI_x+vI_y-I(x, y)\right]^2 \\
&= \sum_{x, y \in A} w(x, y)(uI_x+vI_y)^2 \\
&= \sum_{x, y \in A} w(x, y)(u^2 I_x^2+2uvI_xI_y+v^2 I_y^2) \\
&= \sum_{x, y \in A} w(x, y)\begin{bmatrix} u & v \end{bmatrix}\begin{bmatrix} I_x^2 & I_xI_y \\ I_xI_y & I_y^2 \end{bmatrix}\begin{bmatrix} u \\ v \end{bmatrix} \\
&= \begin{bmatrix} u & v \end{bmatrix}\left(\sum_{x, y \in A} w(x, y)\begin{bmatrix} I_x^2 & I_xI_y \\ I_xI_y & I_y^2 \end{bmatrix}\right)\begin{bmatrix} u \\ v \end{bmatrix} \\
&= \begin{bmatrix} u & v \end{bmatrix}\boldsymbol{M}\begin{bmatrix} u \\ v \end{bmatrix}
\end{aligned}
\tag{3.2-12}
$$

上式中：

$$
\boldsymbol{M} = \begin{bmatrix} m_1 & m_3 \\ m_3 & m_2 \end{bmatrix} = \sum_{x, y \in A} w(x, y)\begin{bmatrix} I_x^2 & I_xI_y \\ I_xI_y & I_y^2 \end{bmatrix}
\tag{3.2-13}
$$

上式中，m_1、m_2、m_3 为矩阵 $\boldsymbol{M}$ 的元素，称矩阵 $\boldsymbol{M}$ 为 Harris 矩阵。Harris 矩阵是实对称矩阵，可对角化，因此存在正交矩阵 $\boldsymbol{R}$，使得：

$$
\boldsymbol{M} = \boldsymbol{R}^{-1}\begin{bmatrix} \lambda_1 & 0 \\ 0 & \lambda_1 \end{bmatrix}\boldsymbol{R} = \boldsymbol{R}^{\mathrm{T}}\begin{bmatrix} \lambda_1 & 0 \\ 0 & \lambda_1 \end{bmatrix}\boldsymbol{R}
\tag{3.2-14}
$$

经对角化处理后，就得到 Harris 矩阵 $\boldsymbol{M}$ 的特征值 λ_1 和 λ_2。此时，将式（3.2-14）代入式（3.2-12），自相关函数 $E(u, v)$ 就改写为一个标准二次项函数：

$$
\begin{aligned}
E(u,\ v) &= \begin{bmatrix} u & v \end{bmatrix} \boldsymbol{M} \begin{bmatrix} u \\ v \end{bmatrix} \\
&= \begin{bmatrix} u & v \end{bmatrix} \left(\boldsymbol{R}^{\mathrm{T}} \begin{bmatrix} \lambda_1 & 0 \\ 0 & \lambda_1 \end{bmatrix} \boldsymbol{R} \right) \begin{bmatrix} u \\ v \end{bmatrix} \\
&= \left(\begin{bmatrix} u & v \end{bmatrix} \boldsymbol{R}^{\mathrm{T}} \right) \begin{bmatrix} \lambda_1 & 0 \\ 0 & \lambda_1 \end{bmatrix} \left(\boldsymbol{R} \begin{bmatrix} u \\ v \end{bmatrix} \right) \\
&= \left(\boldsymbol{R} \begin{bmatrix} u \\ v \end{bmatrix} \right)^{\mathrm{T}} \begin{bmatrix} \lambda_1 & 0 \\ 0 & \lambda_1 \end{bmatrix} \left(\boldsymbol{R} \begin{bmatrix} u \\ v \end{bmatrix} \right) \\
&= \begin{bmatrix} u' & v' \end{bmatrix} \begin{bmatrix} \lambda_1 & 0 \\ 0 & \lambda_1 \end{bmatrix} \begin{bmatrix} u' \\ v' \end{bmatrix}
\end{aligned} \tag{3.2-15}
$$

即 $E(u,\ v)$ 可变换为 $E(u',\ v')$：

$$
E(u',\ v') = \begin{bmatrix} u' & v' \end{bmatrix} \begin{bmatrix} \lambda_1 & \\ & \lambda_2 \end{bmatrix} \begin{bmatrix} u' \\ v' \end{bmatrix}
$$

$$
其中 \begin{bmatrix} u' \\ v' \end{bmatrix} = \boldsymbol{R} \begin{bmatrix} u \\ v \end{bmatrix} \tag{3.2-16}
$$

$E(u',\ v')$ 可以视为一个（非标准）椭圆方程；一个标准的椭圆方程为：

$$
\frac{x^2}{a^2} + \frac{y^2}{b^2} = 1 \tag{3.2-17}
$$

上式可改写为矩阵形式：

$$
\begin{bmatrix} x & y \end{bmatrix} \begin{bmatrix} \dfrac{1}{a^2} & \\ & \dfrac{1}{b^2} \end{bmatrix} \begin{bmatrix} x \\ y \end{bmatrix} = 1 \tag{3.2-18}
$$

不难看出，$\boldsymbol{M}$ 的特征值 λ_1、λ_2 与椭圆 $E(u',\ v')$ 的半轴 a、b 成反比：

$$
\begin{cases} \lambda_1 = \dfrac{1}{a^2} \\[2mm] \lambda_2 = \dfrac{1}{b^2} \end{cases} \tag{3.2-19}
$$

由此，可以得到如下结论：

（1）若 $\boldsymbol{M}$ 的特征值 λ_1 和 λ_2 相差很大，即 $\lambda_1 \gg \lambda_2$ 或者 $\lambda_2 \gg \lambda_1$；则 $E(u,\ v)$ 在某一个方向上取值整体偏大，在其他方向上小；此时，滑动窗口处于边缘区域。

（2）若 $\boldsymbol{M}$ 的特征值 λ_1 和 λ_2 都很小，均接近于 0，则 $E(u,\ v)$ 的值在各个方向上都很小；此时，滑动窗口处于平坦区域。

（3）若 $\boldsymbol{M}$ 的特征值 λ_1 和 λ_2 都很大，则 $E(u,\ v)$ 的值在各个方向上都很大；此时，滑动窗口处于角点区域。

特征值分析一般计算量较大；为简化计算，算法中设计了一个响应函数 R_t 代替 E 对窗口中的像素灰度变化进行度量：

$$
R_t = \det \boldsymbol{M} - k_t \operatorname{tr}(\boldsymbol{M})^2 \tag{3.2-20}
$$

$$
\det \boldsymbol{M} = \lambda_1 \lambda_2 = m_1 m_2 - m_3^2 \tag{3.2-21}
$$

$$
\operatorname{tr}(\boldsymbol{M}) = \lambda_1 + \lambda_2 = m_1 + m_2 \tag{3.2-22}
$$

上式中，k_t 为常量，取值 0.04~0.06；λ_1 和 λ_2 分别表示矩阵 $\boldsymbol{M}$ 的特征值。该响应函数不仅计算更简单，同时也巧妙地将通过特征值进行判断的问题，转换为通过响应函数值进行判断的问题，从而实现对像素区域的判断：

（1）若 λ_1 和 λ_2 相差很大，则响应函数 R_t 取值为较大的负数，对应区域为边缘区域；

（2）若 λ_1 和 λ_2 都很小，则响应函数趋近于 0，对应区域为平坦区域；

（3）若 λ_1 和 λ_2 都很大，则响应函数取值为较大的正数，对应区域为角点区域。

实际操作中，若某像素点的响应函数值 R_t 大于预设的阈值，则将该像素点作为候选角点。针对得到的候选角点集（像素点集合），采用非极大值抑制处理方法：在一个局部区域，保留最大的响应函数值 $R_{t\max}$ 对应的候选角点，同时将其周围候选角点的响应函数值 R_t 抑制为 0。

采用 Harris 算法检测角点的具体步骤如下：

（1）设定 R_t 的阈值。

（2）计算图像每个像素点 $(x，y)$ 在 x 和 y 两个方向的灰度梯度 I_x 和 I_y：

$$I_x = \frac{\partial I}{\partial x} = A \otimes S_r \tag{3.2-23}$$

$$I_y = \frac{\partial I}{\partial y} = A \otimes S_y \tag{3.2-24}$$

上式中，$\otimes$ 表示卷积（互相关）计算，A 表示以计算像素点为中心的 3×3 窗口，S_x、S_y 是用于计算梯度的梯度算子，通常采用 3×3 的索贝尔算子（见 3.2.4 节）、Prewitt 算子等。

（3）计算每个像素点的灰度梯度的乘积：

$$I_x^2 = I_x \cdot I_x \tag{3.2-25}$$

$$I_y^2 = I_y \cdot I_y \tag{3.2-26}$$

$$I_{xy} = I_x \cdot I_y \tag{3.2-27}$$

（4）对图像中的每一个像素点，在以该像素点为中心的 3×3 窗口 A 中，使用窗口函数 w 对窗口内每个点的 I_x、I_y 和 I_{xy} 进行加权，从而得到矩阵 $\boldsymbol{M}$ 的元素值：

$$\sum_{x，y\in A} w(x，y) \begin{bmatrix} I_x^2 & I_xI_y \\ I_xI_y & I_y^2 \end{bmatrix} = \begin{bmatrix} \sum_{x，y\in A} w(x，y)I_x^2 & \sum_{x，y\in A} w(x，y)I_xI_y \\ \sum_{x，y\in A} w(x，y)I_xI_y & \sum_{x，y\in A} w(x，y)I_y^2 \end{bmatrix}$$

$$\tag{3.2-28}$$

（5）按式（3.2-20）计算每个像素点的 R_t，判断角点是否为候选角点。

（6）对候选角点集进行局部极大值抑制处理。

采用 Harris 算法对伸臂桁架侧面点云数据映射的二值化图像进行检测，设置参数为：R_t 的阈值 $=0.2R_{t\max}$，$R_{t\max}$ 表示当前图像 R_t 的最大值；检测结果见图 3.2-12，可见算法能正确地检测出构件角点。

2. 道格拉斯-普克算法

道格拉斯-普克算法是一种对含有大量冗余信息的数据进行压缩以提取主要数据点的算法。算法的基本思想为：首先将一条原始曲线的首尾两点用一条直线连接，并计算曲线上其余各点到该直线的距离；比较最大距离与预设阈值的大小，若最大距离小于预设阈值，则将直线两端点间各点全部舍去；若最大距离大于预设阈值，则将距离最大值对应点

图 3.2-12　基于 Harris 算法的角点检测（红色点为被检测出的角点）

作为新的端点，并将此新端点分别连接原始曲线首尾两点，从而将原始曲线变为两部分新曲线[14]。这个算法可保证被处理曲线的总体形状不变，但构成曲线的点数量明显减少，降低后续计算量。对每部分新曲线再次进行上述过程，直至无法进一步压缩为止。基于道格拉斯-普克算法进行数据压缩的过程，如图 3.2-13 所示。

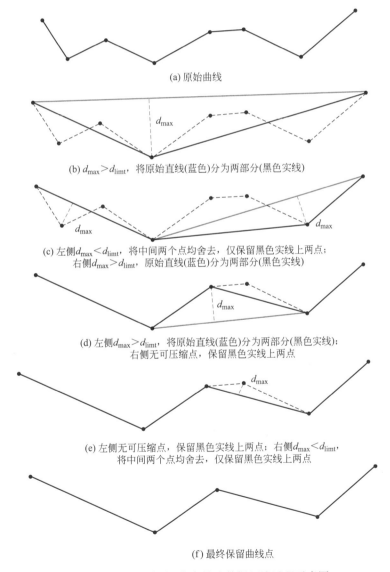

(a) 原始曲线

(b) $d_{max} > d_{limt}$，将原始直线(蓝色)分为两部分(黑色实线)

(c) 左侧$d_{max} < d_{limt}$，将中间两个点均舍去，仅保留黑色实线上两点；右侧$d_{max} > d_{limt}$，原始直线(蓝色)分为两部分(黑色实线)

(d) 左侧$d_{max} > d_{limt}$，将原始直线(蓝色)分为两部分(黑色实线)；右侧无可压缩点，保留黑色实线上两点

(e) 左侧无可压缩点，保留黑色实线上两点；右侧$d_{max} < d_{limt}$，将中间两个点均舍去，仅保留黑色实线上两点

(f) 最终保留曲线点

图 3.2-13　道格拉斯-普克算法数据压缩过程示意图

采用道格拉斯-普克算法进行角点检测的具体步骤如下：

（1）设定距离阈值 d_{limt}；

（2）给定点云数据集 $D=\{p_1，p_2，\cdots，p_m\}$，将点云数据投影至二维平面，形成平面数据集，并连接距离最大的两点构造出直线 l；

（3）计算每一个点到直线 l 的距离 d，记录点到直线距离的最大值 d_{max}；

（4）若 $d_{\text{max}}<d_{\text{limt}}$，则直线 l 之间的点均剔除；若 $d_{\text{max}}>d_{\text{limt}}$，则以 d_{max} 对应的点将直线 l 分成两部分，得到直线 l_r 和 l_l；

（5）按步骤（3）和（4）对直线 l_r 和 l_l 进行处理，直至无多余点可剔除。

根据上述原理对某钢拱肋侧面点云数据的边缘点进行处理，设置参数 $d_{\text{limt}}=1\text{m}$，结果见图 3.2-14，可见通过道格拉斯-普克算法获得了此拱肋的四条曲线边构成的近似轮廓，四条曲线的交点即为构件的粗略角点（曲线端点之间距离很小处）。

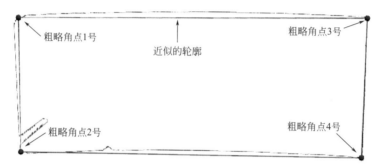

图 3.2-14 基于道格拉斯-普克算法的角点检测（红色点为被检测出的角点）

3. 有向包围盒法

有向包围盒是包围目标对象的最小盒子，被广泛地应用于碰撞检测中，也可以间接地用于目标粗略角点的检测。基于有向包围盒法提取点云数据粗略角点的基本思想为：首先对目标点云数据进行主成分分析，获取点云数据的主轴方向；再对点云数据进行旋转变换，获取点云数据在主轴构成的坐标系（正交）下的坐标，获取坐标极值，并构造点云数据（所有数据点集合）的轴对齐包围盒角点矩阵，此角点矩阵是由 8 个坐标点组成的 3×8 矩阵；再将主轴坐标系下的轴对齐包围盒旋转变换回原坐标系，获取目标点云在原坐标系中的有向包围盒角点矩阵；最后，利用最近邻算法获得点云数据集中与有向包围盒角点最近的点作为点云数据的粗略角点[15]。轴对齐包围盒与有向包围盒示意图见图 3.2-15，可见与原坐标系下的轴对齐包围盒相比，有向包围盒明显更小且形状更贴合于点云数据外轮廓，从而更有利于检测出角点。

采用有向包围盒法检测角点的具体步骤如下：

（1）给定点云数据集 $D=\{p_1，p_2，\cdots，p_m\}$，用 $3\times m$ 的矩阵 X 表示点云数据的三维坐标，并对矩阵 X 进行去中心化处理：

$$x'_{ij}=x_{ij}-\frac{1}{m}\sum_{j=1}^{m}x_{ij} \tag{3.2-29}$$

上式中，x_{ij} 为矩阵 X 的第 i 行第 j 列的元素；

（2）计算协方差矩阵 C：

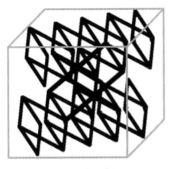

(a) 轴对齐包围盒示意图

(b) 有向包围盒示意图

图 3.2-15 轴对齐包围盒与有向包围盒示意图

$$C = \frac{1}{m} X' X'^{\mathrm{T}}$$ (3.2-30)

（3）对协方差矩阵 C 进行特征值分解：

$$C = U \Sigma V^{\mathrm{T}}$$ (3.2-31)

$$\Sigma = \begin{bmatrix} \lambda_1 & & \\ & \lambda_2 & \\ & & \lambda_3 \end{bmatrix}$$ (3.2-32)

$$U = V = \begin{bmatrix} w_1 & w_2 & w_3 \end{bmatrix}$$ (3.2-33)

上式中，对角矩阵 Σ、左奇异向量 U、右奇异向量 V 均由矩阵 C 奇异值分解得到；λ_1、λ_2、λ_3 分别为特征值；w_1、w_2、w_3 分别为特征向量；

（4）将 D 在新的三维空间表达为 Y：

$$Y = U^{\mathrm{T}} X$$ (3.2-34)

（5）计算新三维空间的坐标极值 $X_{\max}$，$Y_{\max}$，$Z_{\max}$，$X_{\min}$，$Y_{\min}$，$Z_{\min}$，则新三维空间下轴对齐包围盒角点矩阵 B：

$$B = \begin{bmatrix} X_{\max} & X_{\max} & X_{\max} & X_{\max} & X_{\min} & X_{\min} & X_{\min} & X_{\min} \\ Y_{\max} & Y_{\min} & Y_{\max} & Y_{\min} & Y_{\max} & Y_{\min} & Y_{\max} & Y_{\min} \\ Z_{\max} & Z_{\max} & Z_{\min} & Z_{\min} & Z_{\max} & Z_{\max} & Z_{\min} & Z_{\min} \end{bmatrix}$$ (3.2-35)

（6）将角点矩阵 B 变换回原三维空间，可得有向包围盒角点矩阵 A：

$$A = (U^{\mathrm{T}})^{-1} B$$ (3.2-36)

（7）遍历矩阵 A 的每一个元素，采用最近邻算法从 D 中提取邻域点，从而得到 D 的角点集。

根据上述原理对一个钢桁架腹杆点云数据进行检测，结果见图 3.2-16，可见有向包围盒法能有效地检测出构件角点。

图 3.2-16 基于有向包围盒法的角点检测（红色点为被检测出的角点）

3.2.4 Canny 边缘检测算法

Canny 算法是一种非常流行的边缘检测算法，是一个多阶段算法，包括高斯平滑滤波、梯度计算、非极大值抑制、双阈值检测和抑制孤立低阈值点等五个步骤[16]。Canny 算法是一种综合算法，力求在抗噪声干扰和精确定位之间寻求最佳方案；算法一般使用高斯平滑滤波（3.1.2 节）去除图像噪声，避免后续处理中将噪声信息误识别为边缘（滤波窗口矩阵不宜太大以免将边缘信息平滑掉）；再基于图像梯度进行一系列处理，实现稳健的边缘检测。

1. 基于索贝尔算子计算图像像素点的梯度

寻找灰度图像的边缘，就是寻找灰度变化最大的位置，即梯度最大的位置。Canny 算法采用离散微分算子-索贝尔算子计算图像的近似梯度。

索贝尔算子的计算用到了笛卡尔网格和中心差分的概念[17]，涉及 4 个方向上的梯度加权，并涉及城市距离（也称曼哈顿距离，为两点间横坐标距离加纵坐标距离）。图 3.2-17 为图像笛卡尔网格和城市距离的示意，其中图 3.2-17（b）中的 4 个向量方向邻域点对分别为：135°向量 $\overrightarrow{(-1,1)}$ 方向上邻域点对（p_1，p_9），90°向量 $\overrightarrow{(0,1)}$ 方向上邻域点对（p_2，p_8），45°向量 $\overrightarrow{(1,1)}$ 方向上邻域点对（p_3，p_7），180°向量 $\overrightarrow{(1,0)}$ 方向上邻域点对（p_6，p_4）。

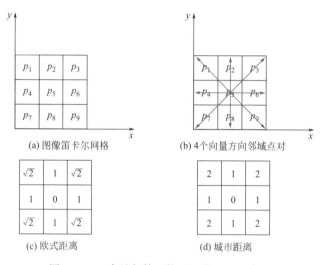

(a) 图像笛卡尔网格　　(b) 4个向量方向邻域点对

(c) 欧式距离　　(d) 城市距离

图 3.2-17　索贝尔算子推导基本原理示意图

沿着 4 个向量方向进行中心差分，并利用城市距离加权计算，可以给出当前像素 p_5 的平均梯度估计，见式（3.2-37）。其中，第一项是沿着 $\overrightarrow{(-1,1)}$ 方向，利用该方向上邻域点对（p_1，p_9）进行中心差分，即（p_1-p_9）$\overrightarrow{(-1,1)}$，再除以邻域点对（p_1，p_9）之间的城市距离 4，得到 $\dfrac{(p_1-p_9)}{4}$ $\overrightarrow{(-1,1)}$，其中 $\overrightarrow{(-1,1)}$ 表示差分方向而非直接相乘；第二项是沿着 $\overrightarrow{(0,1)}$ 方向，利用该方向上邻域点对（p_2，p_8）进行中心差分，即（p_2-p_8）$\overrightarrow{(0,1)}$，再除以邻域点对（p_2，p_8）之间的城市距离 2，得到 $\dfrac{(p_2-p_8)}{2}$

$\overrightarrow{(0,1)}$；按照此计算规则，分别沿四个方向，将每个方向上的邻域点对进行差分加权计算，即可得到当前像素的梯度估计 G：

$$G = \frac{(p_1 - p_9)}{4}\overrightarrow{(-1,1)} + \frac{(p_2 - p_8)}{2}\overrightarrow{(0,1)} + \frac{(p_3 - p_7)}{4}\overrightarrow{(1,1)} + \frac{(p_6 - p_4)}{2}\overrightarrow{(1,0)}$$
(3.2-37)

将上式展开可得：

$$G = \left(\frac{p_3 - p_7 - p_1 + p_9}{4} + \frac{p_6 - p_4}{2}, \frac{p_3 - p_7 + p_1 - p_9}{4} + \frac{p_2 - p_8}{2}\right) \quad (3.2-38)$$

理论上，为了保证数字上的精确度，上式需要除以 4 得到平均梯度值。但为避免使用除法运算导致低阶重要字节的丢失，索贝尔算子将上式乘 4 以保留低阶字节，从而方便计算机计算；因此，索贝尔算子估计的梯度值 G' 是平均梯度值的 16 倍：

$$G' = 4G = (p_3 - p_7 - p_1 + p_9 + 2(p_6 - p_4), \ p_3 - p_7 + p_1 - p_9 + 2(p_2 - p_8))$$
(3.2-39)

则垂直方向与水平方向的梯度可以分别写为：

$$G'_x = p_3 + 2p_6 + p_9 - (p_1 + 2p_4 + p_7) \quad (3.2-40)$$
$$G'_y = p_1 + 2p_2 + p_3 - (p_7 + 2p_8 + p_9) \quad (3.2-41)$$

将 x 和 y 方向的索贝尔算子记作 S_x 和 S_y，见图 3.2-18。

(a) x 方向的索贝尔算子   (b) y 方向的索贝尔算子

图 3.2-18 索贝尔算子

则垂直方向与水平方向的梯度可以分别写为：

$$G'_x = S_x \otimes A \quad (3.2-42)$$
$$G'_y = S_y \otimes A \quad (3.2-43)$$

上式中，$\otimes$ 表示卷积（互相关）计算，A 表示以计算像素点为中心的 3×3 窗口；于是可以计算出图像每个点的梯度强度 G'' 和梯度方向 θ：

$$G'' = |G'| = \sqrt{G_x'^2 + G_y'^2} \quad (3.2-44)$$
$$\theta = \arctan(G'_y / G'_x) \quad (3.2-45)$$

2. 非极大值（Non-Maximum Suppression）抑制

基于梯度值提取的边缘可能存在边缘描绘过宽和噪声等问题，需要采用非极大值抑制进行边缘稀疏化。此处，非极大值抑制的基本思路是将当前像素梯度强度与梯度正负方向的相邻像素梯度强度进行比较，若当前像素梯度强度是局部最大梯度值，则保留该像素作为边缘点，反之则将其梯度值抑制为 0。为了更精确计算，通常在沿梯度正负方向的两个相邻像素之间使用线性插值，从而得到要参与比较的像素梯度。

如图 3.2-19 所示，可将像素的邻接情况划分为 4 个区域，其中每个区域包含上下两部分。若中心像素点梯度强度为 $G''(x, y)$，x 方向梯度强度为 $G''_x(x, y)$，y 方向梯度强

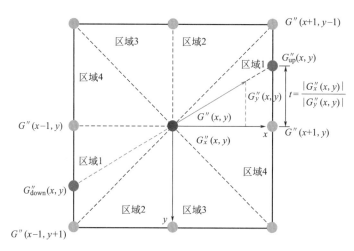

图 3.2-19　像素梯度方向线性插值示意图

度为 $G''_y(x, y)$，则根据 $G''_x(x, y)$ 和 $G''_y(x, y)$ 的正负和大小可判断出其梯度方向所属区域，进而根据其像素梯度方向以及相邻点像素梯度线性插值得到正负梯度方向的梯度强度 $G''_{up}(x, y)$ 和 $G''_{down}(x, y)$，计算公式如下：

$$G''_{up}(x, y) = (1-t)G''(x+1, y) + tG''(x+1, y-1) \tag{3.2-46}$$

$$G''_{down}(x, y) = (1-t)G''(x-1, y) + tG''(x-1, y+1) \tag{3.2-47}$$

上式中，t 为插值系数。其他三个区域的计算方法类似。注意，当 $G''_x(x, y) = G''_y(x, y) = 0$ 时，说明像素点无突变，该像素点为非边缘点。

3. 双阈值检测与孤立弱边缘抑制

为了进一步克服噪声或颜色变化等不利影响，可通过高低阈值对边缘像素进行分类：边缘像素的梯度强度高于高阈值，则被标记为强边缘像素；边缘像素的梯度强度小于高阈值且大于低阈值，则被标记为弱边缘像素；边缘像素的梯度强度小于低阈值，则被抑制。强边缘像素被确定为边缘，弱边缘像素需要进一步判别。

基于弱边缘通常与强边缘像素相连的先验知识，查看弱边缘像素邻域的 8 个像素是否存在强边缘像素，存在则保留弱边缘像素，不存在则抑制弱边缘像素。

Canny 算法检测边缘的具体步骤如下：

（1）对输入图像 **I** 进行高斯平滑滤波（3.1.2 节），滑动窗口 w 的尺寸取 5×5 或 3×3；

（2）按式（3.2-42）～式（3.2-45）对高斯平滑滤波后的图像 $\boldsymbol{I}_l$ 进行梯度计算，得到梯度图像 $\boldsymbol{I}_t$（由梯度强度值代替像素值而形成的图像）；

（3）采用非极大抑制算法对 $\boldsymbol{I}_t$ 进行处理，得到图像 $\boldsymbol{I}_{tg}$；

（4）采用双阈值检测算法对 $\boldsymbol{I}_{tg}$ 进行处理，得到图像 $\boldsymbol{I}_{tgs}$；

（5）抑制图像 $\boldsymbol{I}_{tgs}$ 的孤立低阈值点，输出最终图像 $\boldsymbol{I}_f$。

采用上述算法流程对钢拱肋图像进行边缘检测，结果见图 3.2-20，可见 Canny 算法能够正确地检测出图像边缘。

3.2.5　中心轴检测算法

中心轴和管道截面半径是曲管（弯曲圆管）的两个重要参数。中心轴检测算法用于检

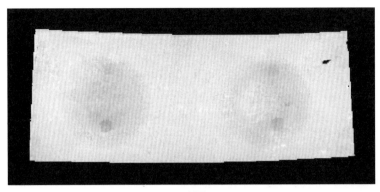

(a) 原图 $\boldsymbol{I}$

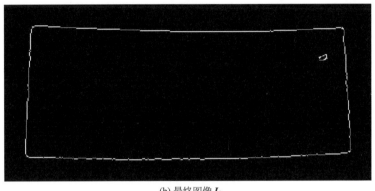

(b) 最终图像 $\boldsymbol{I}_f$

图 3.2-20 基于 Canny 算法的边缘检测

测曲管的中心轴,基于检测的中心轴可以确定曲管每一位置处的截面半径,从而估计曲管的几何参数。骨架收缩算法和滚球法被用于检测管道中心轴,基于这两种算法本书开发了更高效准确的中心轴检测算法-混合法。

1. 拉普拉斯算法

拉普拉斯算法是一种骨架收缩算法;对于一个弯曲管道,使用拉普拉斯算法可以得到它的中心骨架,即中心轴线。此算法包括点云数据单环邻域构造、点云数据拉普拉斯矩阵生成和点云数据收缩三个方面[18]。

点云数据单环邻域构造的具体步骤为:(1)对于任意一点 $\boldsymbol{p}_i$,按 k 最近邻算法(3.3.1 节)得到 k 最近邻点集 $\boldsymbol{N}_k(\boldsymbol{p}_i)$,按降维算法(3.1.4 节)对 $\boldsymbol{N}_k(\boldsymbol{p}_i)$ 进行降维,形成一个二维平面邻域,见图 3.2-21;(2)对降维后的 $\boldsymbol{N}_k(\boldsymbol{p}_i)$ 进行 Delaunay 三角剖分,三角剖分记为 Γ_i,这就形成了 $\boldsymbol{p}_i$ 的单环邻域,见图 3.2-21 (b)。基于每个点的单环邻域,可采用余切权 L_{ij} 建立点云数据的拉普拉斯矩阵 $\boldsymbol{L}$:

$$L_{ij} = \begin{cases} w_{ij} = \cot\alpha_{ij} + \cot\beta_{ij} & i \neq j \text{ 且}(i,j) \in \Gamma_i \\ \sum_{m \in N(p_i)} -w_{im} & i = j \\ 0 & \text{其他} \end{cases} \quad (3.2\text{-}48)$$

上式中,i 和 j 为整个点云数据集中的样本点编号,α_{ij} 和 β_{ij} 是单环邻域中 $\boldsymbol{p}_i$ 和 $\boldsymbol{p}_j$ 构

成的边所属两个三角形的对角，见图 3.2-21（b）。

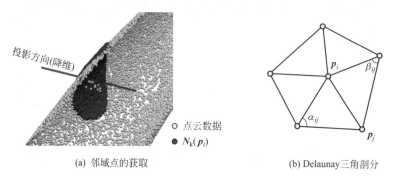

| (a) 邻域点的获取 | (b) Delaunay三角剖分 |

○ 点云数据
● $N_k(p_i)$

图 3.2-21　点云数据的单环邻域构造

点云数据可采用矩阵 P 表示，通过余切权重，将拉普拉斯坐标记为 $\boldsymbol{\delta} = LP = [\boldsymbol{\delta}_1^{\mathrm{T}}, \boldsymbol{\delta}_2^{\mathrm{T}}, \boldsymbol{\delta}_3^{\mathrm{T}}, \cdots, \boldsymbol{\delta}_n^{\mathrm{T}}]$，每个点 p_i 与 L 相乘得近似于曲率流法线 $\delta_i = -4A_i k_i n_i$，其中 A_i、k_i 和 n_i 分别是在第 i 个样本点 p_i 处构造的一环邻域的面积、近似局部平均曲率以及顶点的近似外法向量。所以拉普拉斯坐标蕴含了三维点云模型中的细节信息。如果此顶点邻域内的点处的法线都相同，那么就证明局部点云收缩到了一条线或者一个点上，即证明该顶点不能再被收缩，收缩系统将此作为收缩的目标即可。对于曲管，这就是将原始点云收缩到了中心线上。原始点云可采用 P 表示，进行一次收缩后的点云数据用 P' 表示，那么 $LP' = 0$ 就意味着移除每点法线方向上的某些分量使得邻域内的点的法线相同，来达到收缩整个点云几何体的目的。同时为了保证收缩后的点云能够保证原来较好的形状，例如为了能让曲管上的点云都按照相同程度向曲管的中心轴上收缩，这里需要使用一个保持原有位置的权重矩阵 W_{H} 来控制收缩形状，即将所有的顶点约束到点云当前的位置，同时增加另一个合适的权重矩阵 W_{L} 来控制收缩，那么就有如下收缩系统：

$$\begin{bmatrix} W_{\mathrm{L}}L \\ W_{\mathrm{H}} \end{bmatrix} P' = \begin{bmatrix} \mathbf{0} \\ W_{\mathrm{H}}P \end{bmatrix} \tag{3.2-49}$$

注意式（3.2-36）的收缩系统是过度的，即这个系统描述的是较为苛刻的收缩条件，求解这个系统需要在最小二乘的意义上求解。针对每一个点 p_i 需要使用一个保持原有位置的权重 $w_{\mathrm{H},i}$ 来控制收缩形状，同时增加适合的权重 $w_{\mathrm{L},i}$ 控制收缩。需要说明的是，W_{L} 和 W_{H} 是对角矩阵，其中 W_{L} 控制收缩的程度，W_{H} 控制保持原有位置的程度，W_{L} 和 W_{H} 的第 i 个对角元素分别为 $w_{\mathrm{L},i}$ 和 $w_{\mathrm{H},i}$。则求解点云中心骨架形状问题，可转化为求解以下二次能量函数：

$$\min_{P'}(\|W_{\mathrm{L}}LP'\|^2 + \sum_i w_{\mathrm{H},i} \|p'_i - p_i\|) \tag{3.2-50}$$

求解上述二次能量函数的最小值，可以使用最小二乘的矩阵法求解，求解上述二次能量函数，首先通过将其转化成矩阵形式来构造目标函数 $J(P')$：

$$\begin{aligned} J(P') &= \frac{1}{2} |W_{\mathrm{L}}LP' - \mathbf{0}|^{\mathrm{T}} |W_{\mathrm{L}}LP' - \mathbf{0}| \\ &\quad + \frac{1}{2} |W_{\mathrm{H}}P' - W_{\mathrm{H}}P|^{\mathrm{T}} |W_{\mathrm{H}}P' - W_{\mathrm{H}}P| \end{aligned} \tag{3.2-51}$$

上式对 P' 求导并使其为 0 即有：

$$\frac{\partial J(\boldsymbol{P}')}{\boldsymbol{P}'} = (\boldsymbol{W}_{\mathrm{L}}\boldsymbol{L})^{\mathrm{T}}(\boldsymbol{W}_{\mathrm{L}}\boldsymbol{L}\boldsymbol{P}' - \boldsymbol{0}) + \boldsymbol{W}_{\mathrm{H}}^{\mathrm{T}}(\boldsymbol{W}_{\mathrm{H}}\boldsymbol{P}' - \boldsymbol{W}_{\mathrm{H}}\boldsymbol{P})$$

$$= ((\boldsymbol{W}_{\mathrm{L}}\boldsymbol{L})^{\mathrm{T}} \cdot (\boldsymbol{W}_{\mathrm{L}}\boldsymbol{L}) + \boldsymbol{W}_{\mathrm{H}}^{\mathrm{T}}\boldsymbol{W}_{\mathrm{H}})\boldsymbol{P}' - ((\boldsymbol{W}_{\mathrm{L}}\boldsymbol{L})^{\mathrm{T}} \cdot \boldsymbol{0} + (\boldsymbol{W}_{\mathrm{H}})^{\mathrm{T}} \cdot \boldsymbol{W}_{\mathrm{H}}\boldsymbol{P})$$

$$= ((\boldsymbol{W}_{\mathrm{L}}\boldsymbol{L})^{\mathrm{T}} \quad (\boldsymbol{W}_{\mathrm{H}})^{\mathrm{T}}) \cdot \begin{pmatrix}\boldsymbol{W}_{\mathrm{L}}\boldsymbol{L}\\\boldsymbol{W}_{\mathrm{H}}\end{pmatrix}\boldsymbol{P}' - ((\boldsymbol{W}_{\mathrm{L}}\boldsymbol{L})^{\mathrm{T}} \quad (\boldsymbol{W}_{\mathrm{H}})^{\mathrm{T}}) \cdot \begin{pmatrix}0\\\boldsymbol{W}_{\mathrm{H}}\boldsymbol{P}\end{pmatrix}$$

$$= \begin{pmatrix}\boldsymbol{W}_{\mathrm{L}}\boldsymbol{L}\\\boldsymbol{W}_{\mathrm{H}}\end{pmatrix}^{\mathrm{T}}\begin{pmatrix}\boldsymbol{W}_{\mathrm{L}}\boldsymbol{L}\\\boldsymbol{W}_{\mathrm{H}}\end{pmatrix}\boldsymbol{P}' - \begin{pmatrix}\boldsymbol{W}_{\mathrm{L}}\boldsymbol{L}\\\boldsymbol{W}_{\mathrm{H}}\end{pmatrix}^{\mathrm{T}} \cdot \begin{pmatrix}0\\\boldsymbol{W}_{\mathrm{H}}\boldsymbol{P}\end{pmatrix} = 0 \tag{3.2-52}$$

即可得：

$$\boldsymbol{P}' = \left(\begin{pmatrix}\boldsymbol{W}_{\mathrm{L}}\boldsymbol{L}\\\boldsymbol{W}_{\mathrm{H}}\end{pmatrix}^{\mathrm{T}}\begin{pmatrix}\boldsymbol{W}_{\mathrm{L}}\boldsymbol{L}\\\boldsymbol{W}_{\mathrm{H}}\end{pmatrix}\right)' \cdot \begin{pmatrix}\boldsymbol{W}_{\mathrm{L}}\boldsymbol{L}\\\boldsymbol{W}_{\mathrm{H}}\end{pmatrix}^{\mathrm{T}} \cdot \begin{pmatrix}0\\\boldsymbol{W}_{\mathrm{H}}\boldsymbol{P}\end{pmatrix} \tag{3.2-53}$$

根据上述推导步骤，就可将求解收缩系统转化为求解能量函数的最小值，再使用最小二乘矩阵法求解这一最小值。点云收缩的本质就是迭代求解收缩系统（式 3.2-36），在每次迭代中通过更新控制收缩的矩阵 $\boldsymbol{W}_{\mathrm{L}}$ 和控制点云原有位置的矩阵 $\boldsymbol{W}_{\mathrm{H}}$ 来控制每次迭代的收缩力度和保持点云原有位置的力度，从而逐步逼近得到所需的点云中心骨架。$w_{\mathrm{L},i}$ 和 $w_{\mathrm{H},i}$ 在每次迭代中进行更新，可根据所求问题自行设定迭代初始值，其中 $w_{\mathrm{L},i}$ 一般设为 $1 \sim 2$，$w_{\mathrm{H},i}$ 一般设为 $2 \sim 3$。迭代过程中，$\boldsymbol{W}_{\mathrm{L}}$ 和 $\boldsymbol{W}_{\mathrm{H}}$ 均通过下列公式进行更新：

$$\boldsymbol{W}_{\mathrm{L}}^{t+1} \leftarrow s_{\mathrm{L}}\boldsymbol{W}_{\mathrm{L}}^{t} \tag{3.2-54}$$

$$w_{\mathrm{H},i}^{t+1} \leftarrow w_{\mathrm{H},i}^{t} \times \sqrt{\frac{s_i^t}{s_i^0}} \tag{3.2-55}$$

上式中，s_{L} 是收缩权重因子，根据所求问题自行设定，一般可设为 $2 \sim 3$；s_i^t 和 s_i^0 分别是点 $\boldsymbol{p}_i$ 的当前单环邻域面积和初始单环邻域面积。

拉普拉斯算法的具体步骤如下：

(1) 设定参数 s_{L} 的取值，单环邻域面积变化阈值 η_{limt}，初始化权重矩阵 $\boldsymbol{W}_{\mathrm{H}}$ 和 $\boldsymbol{W}_{\mathrm{L}}$；

(2) 给定点云数据集 $\boldsymbol{D} = \{\boldsymbol{p}_1, \boldsymbol{p}_2, \cdots, \boldsymbol{p}_m\}$，按式（3.2-35）获得每个点的拉普拉斯矩阵元素值，计算点云数据的初始单环邻域面积 S^0；

(3) 通过式（3.2-40）求出 $\boldsymbol{P}'$，得到收缩后的点云数据 $\boldsymbol{P}'$；

(4) 基于收缩后的点云数据 $\boldsymbol{P}'$，按式（3.2-35）更新每个点的拉普拉斯矩阵元素值，计算点云数据的当前单环邻域面积 S^t；

(5) 按式（3.2-41）和式（3.2-42）更新矩阵 $\boldsymbol{W}_{\mathrm{H}}$ 和 $\boldsymbol{W}_{\mathrm{L}}$；

(6) 计算单环邻域面积的变化指标 $\eta = (s^t - s^{t-1})/s^0$。若 $\eta < \eta_{\mathrm{limt}}$，则重复步骤（3）～（5）；否则，则迭代停止。

根据上述原理对曲管点云数据进行检测，设置参数：$s_{\mathrm{L}} = 3$；$\eta_{\mathrm{limt}} = 0.01$；矩阵 $\boldsymbol{W}_{\mathrm{H}}$ 和 $\boldsymbol{W}_{\mathrm{L}}$ 的对角元素均取值为 1，结果见图 3.2-22；点云数据的缺失导致被检测出的中心轴线与真实的中心轴线存在一定的偏差，这是拉普拉斯骨架收缩算法的一个不足。

2. 滚球法

滚球法的基本思想是通过追踪球心实现中心轴线的检测[19]：假设有一个半径与管道半径相同的球，它在管道中进行滚动时，它的球心所留下的轨迹点集就构成了中心轴，见图 3.2-23。这些球心点集实际上可以使用随机采样一致性算法对管道点云数据某个位置处

(a) 迭代次数为1 (b) 迭代次数为2

(c) 迭代次数为3 (d) 迭代次数为4

图 3.2-22 基于拉普拉斯算法的曲管中心轴线检测

（蓝色点为中线轴线点，红色点为曲管点云数据）

的点邻域进行球检测而得到，但为降低噪点和点云缺失等的不利影响，球心需要进一步精确修正。

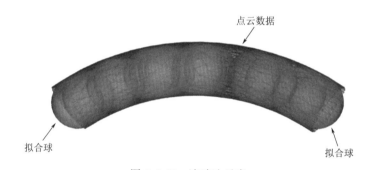

图 3.2-23 滚球法示意

滚球法检测中心轴线的具体步骤为：

（1）给定点云数据 $\boldsymbol{D} = \{\boldsymbol{p}_1, \boldsymbol{p}_2, \cdots, \boldsymbol{p}_m\}$，按 k 最近邻算法（3.3.1节）获得每个点的 k 最近邻点集 $\boldsymbol{N}_k(\boldsymbol{p})$。

（2）按随机采样一致性算法（3.2.1节）依次对 $\boldsymbol{N}_k(\boldsymbol{p})$ 进行球拟合，得到球心，初步得到球心点集 $\{\boldsymbol{s}\}$。获取球心点集中每个点的邻域点集 $\boldsymbol{N}_k(\boldsymbol{s})$，再依次对 $\boldsymbol{N}_k(\boldsymbol{s})$ 进行球检测并更新球心点集 $\{\boldsymbol{s}\}$，作为候选的中心轴线点。

（3）按 k 最近邻算法（3.3.1节）获得每个候选中心轴点的邻域，再按照降维算法（3.1.4节）获取候选的中心轴线点的主方向。

（4）对于每一个候选中心轴线点，从它的邻域点集中筛选出主方向与这个候选中心轴点主方向一致的点集 $\{\boldsymbol{sc}\}$，将 $\{\boldsymbol{sc}\}$ 的均值作为中心轴此位置处的新的中心轴线点。

根据上述算法流程对存在数据缺失的曲管点云数据进行检测，结果见图 3.2-24，可见检测出的中心轴线点离散性较高。这是因为点云数据的缺失会造成某些邻域点集数据的缺失，从而导致检测出的球心不准确。

3. 拉普拉斯-滚球混合检测算法

由于三维激光扫描很难得到复杂结构中所有杆件的完整点云数据，因此结构中很多圆管杆件的点云数据经常面临不完整的问题；此时若采用拉普拉斯算法检测圆管中心轴线，

图 3.2-24　基于滚球法的中心轴线检测

（蓝色点为精修后的中心轴线点，红色点为中心轴线的离群点，黄色点为曲管点云数据）

则必然将产生较大偏差。对于点云数据不完整的圆管，滚球法检测的中心轴线精度也不精确；且真实场景中的点云数据量大，滚球法所需时间成本过高。为此，本书提出拉普拉斯-滚球混合检测算法，其基本思想为：采用拉普拉斯算法快速地检测出粗略中心轴线，垂直于粗略中心轴线进行切片以获得比较完整的曲管截面点云数据，再采用滚球法对完整的曲管截面点云数据进行一次中心轴线精确检测。采用较为完整的截面点云数据，比采用曲管表面上某一处邻域点云数据能检测到更精确的球，这样通过提高球心的准确率可以实现中心轴检测精确度的提升。混合检测算法集成了拉普拉斯算法和滚球法的优点：（1）拉普拉斯算法将曲管数据整体作为输入，可以较快得到曲管的中心骨架，即粗略的中心轴；（2）只对粗略的中心轴线进行包含一次球检测的滚球处理，避免了对全部的曲管点云数据进行包含两次球检测的滚球处理，从而有效节省计算量；（3）用于球检测的点云数据比曲管表面上邻域点云数据更加完整，这就克服了噪点和数据缺失的不利影响。混合检测算法的具体步骤如下：

（1）给定点云数据 $D = \{p_1, p_2, \cdots, p_m\}$，采用拉普拉斯算法对 D 进行处理，获得粗略的中心轴线点集合；

（2）按降维算法（3.1.4 节）确定每一个粗略中心轴线点的主方向；

（3）对于每一个粗略的中心轴线点，垂直其主方向对点云数据进行切片，再用切片点云数据代替滚球法中的 $N_k(p)$；

（4）采用滚球法对切片点云数据进行处理，从而完成中心轴线的精确检测。

根据上述原理对曲管点云数据进行检测，结果见图 3.2-25，可见混合检测算法能较为精确地检出中心轴线。图 3.2-26 和图 3.2-27 给出了混合法与滚球法的对比情况，从图中可以看出，混合法检测的中心轴线点更集中、噪点更少。本例曲管点云数据的点数量为1157；混合法所需时间为 165.47s，滚球法所需时间为 208s，这也充分验证了混合检测算法的高效。

图 3.2-25　基于混合的中心轴线检测

（蓝色点为精修后的中心轴线点，红色点为中心轴线的离群点，黄色点为曲管点云数据）

(a) 混合法检测出的中心轴线点集   (b) 滚球法检测出的中心轴线点集

图 3.2-26　混合法和滚球法的对比

（蓝色点为精修后的中心轴线点，红色点为中心轴线的离群点）

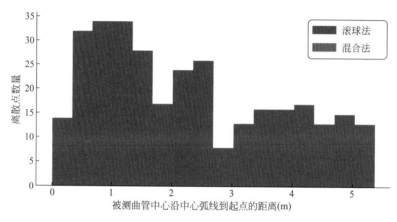

图 3.2-27　离群点的对比

3.2.6　多球并行检测算法

实际工程应用中，球标靶是最常用的配准基准，基于多个球标靶的球心可以完成各站点云数据的配准，且球标靶的球心准确度对点云数据配准的准确度影响很大。另外，大型复杂钢结构常采用网架或网壳结构，其中的焊接或螺栓球检测对于结构整体检测具有重要的作用。为了实现点云数据的智能化精确配准，需要从各站点云数据中自动且快速精准地检测出各球。目前一般采用基于曲率的球检测算法进行检测：基于计算所得的点云数据表面的每一处曲率，可以根据球体的曲率特征来判断某个点是否是球体上的点，从而完成基于曲率的球体检测。这种算法对噪点敏感，准确率较低，因为此算法检测球体依赖于点云数据表面曲率的计算。然而大型复杂结构，例如网架和网壳结构等，其构件之间存在较多遮挡，因此扫描点云数据常常存在缺失，导致计算的点云数据表面曲率不准确，从而影响检测出球体的精度。为此，本书提出了基于超大体素化、随机采样一致算法和密度聚类算法的多球并行检测算法，其基本思想是分而治之：（1）对点云数据进行超大体素化处理；（2）采用随机采样一致性算法对每个超大体素内的点云数据进行球检测；为了筛选出可靠的球点云数据，采用双阈值检测：半径阈值和点云数据数量阈值；（3）最后，采用密度聚类算法对球心进行聚类，从而完成属于同一个球的数据点的合并。多球并行检测算法的具体步骤如下：

（1）设定体素化参数 d_t、半径阈值（r_{min}，r_{max}）、点云数据数量阈值 N_{min}、密度聚类算法参数对（ε，$MinPt$）、随机采样一致性算法参数 γ 和 s；

（2）给定点云数据 $\boldsymbol{D} = \{\boldsymbol{p}_1, \boldsymbol{p}_2, \cdots, \boldsymbol{p}_m\}$，按体素化降采样算法（3.1.1 节）对 $\boldsymbol{D}$

进行处理，得到体素化后的点云数据 $D_t = \{D_1, D_2, \cdots, D_n\}$，$D_i$ 表示第 i 个超大体素内的点云数据集；

（3）按随机采样一致性算法（3.2.1节）依次对 D_t 中每个元素进行球检测，得到球点云数据点集 $\{s\}$；

（4）按密度聚类算法（3.2.4节）对球点云数据点集 $\{s\}$ 进行聚类，从而完成多球的检测。

根据上述算法流程对某网架点云数据进行球检测，设置参数：$r = 500\text{mm}$；$r_{min} = 450\text{mm}$；$r_{max} = 500\text{mm}$；$N_{min} = 60$；$(\varepsilon, MinPt) = (10\text{mm}, 1)$；检测结果见图 3.2-28，可见球均被正确地检测出。图 3.2-29 为基于曲率检测球点云数据的结果，由图中可以看出，基于曲率的球点云数据检测算法对噪点敏感，检测出的球数据含有大量的错误点。

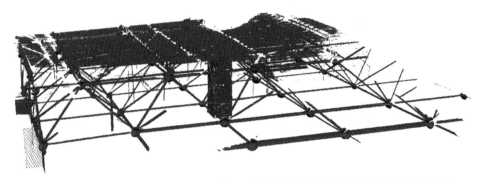

图 3.2-28 基于超大体素化、随机采样一致算法和密度聚类算法的球点云数据检测
（蓝色点为点云数据，红色点为被检测出的球点云数据）

图 3.2-29 基于曲率的球点云数据检测
（蓝色点为点云数据，红色点为被检测出的球点云数据）

3.2.7 平面标靶检测算法

纸标靶是一类平面标靶（图 3.2-30），上面印有黑与白两种具有显著反射率差异的图案，通常可用 A4 纸打印。通过估计纸标靶中黑与白两种图案的相交中心，并以此作为参考点，可实现对不同组扫描点云数据的配准。相对于标靶球而言，纸标靶具有携带便捷、成本低廉等优点，被大量应用于工业场景中。目前，面向图像的目标检测神经网络成熟、高效，可用于纸标靶的智能检测。点云数据可映射成图像，但映射出的图像常存在质量不高及斑点多等问题，不利于纸标靶的智能检测。三维激光扫描仪能够得到全景图像，且全

63

景图像具有清晰、噪点少等优点，可以用于纸标靶的检测。为此，本书提出了基于目标检测神经网络和全景图像的纸标靶智能检测算法，包括全景图像与点云数据的配准、纸标靶点云数据提取和纸标靶中心估计三个步骤。

(a) 圆形纸标靶   (b) 方形纸标靶   (c) 三角形纸标靶

图 3.2-30 纸标靶上三种常用的标靶图案

1. 全景图像与点云数据的配准

对目标场景进行扫描时，为保证点云数据的完整性，三维激光扫描仪在水平面内的旋转角度会大于 360°。因此，所采集的场景点云数据与相应的全景图像在扫描的起始位置与终止位置之间必然会存在重叠区域。如图 3.2-31 所示，黄色方框中的红色线框是全景图像中的部分重叠区域，图中点云数据的红色线框为对应的重叠点云数据。

图 3.2-31 三维激光扫描仪获得的全景图像

由于三维激光扫描仪在水平面内的实际旋转角度难以确定（大于 360°），而点云数据在水平面内仅能按照 360° 进行划分，因此当点云数据按照全景图像的宽度对 360° 进行划分时，划分的空间网格中必然有许多网格不含数据点；此时根据空间网格获得的点云映射图像将会被拉伸，映射图像与全景图像无法完全对应。因此，若直接基于原始全景图像进行纸标靶检测，则无法在点云数据中提取到准确的纸标靶点云数据。

为了克服全景图像重叠区域的这一不利影响，在进行全景图像与点云数据配准前需要对全景图像进行校正。全景图像的像素点可以用 $m \times n \times 3$ 的空间矩阵 $\boldsymbol{I}$ 进行表示，m 为全景图像的高度，n 为全景图像的宽度，3 代表像素点具有三通道值，即 RGB 值（取值范围为 0～255）。采用模板匹配方法确定全景图像中重叠区域的起始列 ss：

$$ss = \underset{q}{\mathrm{argmin}} \left\| \frac{1}{255}(A - S^q) \right\|^2 \tag{3.2-56}$$

$$A_{ij} = I_{ij} \tag{3.2-57}$$

$$S^q_{ij} = I_{pj} \tag{3.2-58}$$

$$p = q + i \tag{3.2-59}$$

$$i = \{1, \cdots, k\} \tag{3.2-60}$$

$$j = \{1, \cdots, m\} \tag{3.2-61}$$

$$q = \{k, \cdots, n-k\} \tag{3.2-62}$$

上式中，A 为 $m \times k \times 3$ 的空间矩阵，表示一个用于检测重叠区域的模板图，m 和 k 分别为模板图的高度和宽度，式中的范数可取任意一种矩阵范数计算方法。因为全景图像的重叠区域处于图像的起始端与终止端，所以可直接采用全景图像的起始端部分作为模板图。S^q 表示与 A 的尺寸相同的空间矩阵，是模板图 A 在全景图像宽度范围内滑动遍历时，被 A 所覆盖的图像，其中 q 是模板图的第一列进行滑动遍历时在全景图像中所处的列的索引。如图 3.2-32 所示，当 $m=5$，$k=2$ 时，红色虚线框的范围即为模板图 A，q 的取值可为 2～8。将 A 从蓝色线框处逐列移动至黄色线框的过程中，可利用公式 $\left\| \frac{1}{255}(A - S^q) \right\|^2$ 计算 A 与 S^q 的均方误差（MSE）。均方误差的最小值所对应的 q，即为重叠区域的起始列 ss。根据计算的均方误差可知，图 3.2-32 中的 ss 为 8。需要说明的是，因为 RGB 值的取值范围为 0～255，因此计算均方误差可以除以 255 来标准化误差值。图 3.2-33 给出了真实场景的校正全景图像。

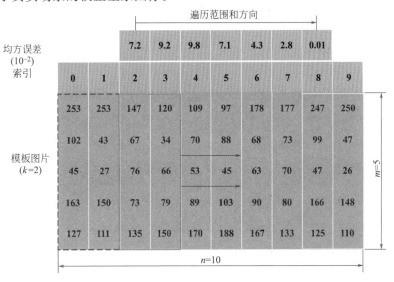

图 3.2-32　模板匹配法检测重叠区域的示例

图 3.2-33　校正后的全景图像

校正后的全景图像等价于将一张球面图像沿着水平面进行 360°展开的图像，因此只需要将点云数据在球坐标系下按照全景图像的行数与列数进行空间划分，即可建立各数据点与全景图像中各像素的对应关系。

将三维激光扫描仪获得的点云数据从笛卡尔坐标转换为球坐标系，转换公式为：

$$r = \sqrt{x^2 + y^2 + z^2} \tag{3.2-63}$$

$$\theta = \arccos \frac{z}{\sqrt{x^2 + y^2 + z^2}} \tag{3.2-64}$$

$$\phi = \arctan(y,\ x) \tag{3.2-65}$$

$$\arctan(y,\ x) = \begin{cases} \arctan(y/x) & (x > 0) \\ \arctan(y/x) + \pi & (x < 0,\ y \geqslant 0) \\ \arctan(y/x) - \pi & (x < 0,\ y < 0) \\ \pi/2 & (x = 0,\ y > 0) \\ -\pi/2 & (x = 0,\ y < 0) \\ 0 & (x = 0,\ y = 0) \end{cases} \tag{3.2-66}$$

上式中，$(x,\ y,\ z)$ 表示点云数据的笛卡尔坐标；$(r,\ \theta,\ \varphi)$ 表示点云数据的球坐标。假设校正后全景图像的行数与列数分别为 m 与 n^*，如图 3.2-34 所示，对球坐标的 $(\theta,\ \phi)$ 按照 m 与 n^* 进行网格化，每个网格的 RGB 取网格内点云数据 RGB 的均值。将这张球面图像沿着水平面进行 360°展开，就形成了点云数据的映射图像。图 3.2-35 给出了点云数据的映射图像和全景图像的对比，从图中可以看出，两张图像高度相似，且两张图像的起始和终止位置相差很小。此时，全景图像中任意行列表示的像素，均可在球坐标系的网格空间中找到对应的数据点。至此，全景图像与点云数据完成了配准，即建立了全景图像的像素点与点云数据的对应关系。

2. 纸标靶点云数据提取

纸标靶点云数据提取的基本思路是：采用 YO-LO 神经网络对全景图像进行处理，完成纸标靶的智能检测；基于全景图像与点云数据的对应关系，提取纸标靶点云数据。

纸标靶点云数据提取的精确性依赖于 YOLO 神经网络检测纸标靶的精度；图 3.2-36 为 YOLO 神经网络的架构，三种需要检测的纸标靶见图 3.2-30。为了提高 YOLO 神经网络的鲁棒性，纸标靶的数据集包含多角度照片、灰度照片和球面展开照片，数据集参见图 3.2-37。图 3.2-38 为真实场景的纸标靶检测，从图可以看出，纸标靶均被正确地检测出，验证了 YOLO 神经网络的有效性；这是一个纸标靶位置粗提取的过程。

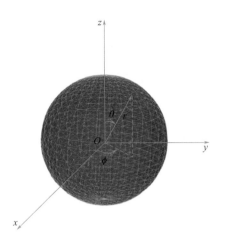

图 3.2-34 球坐标系网格化

(a) 全景图像

(b) 点云数据的映射图像

图 3.2-35 全景图像与点云数据的配准

3. 纸标靶中心估计

图 3.2-39 （a）为提取的纸标靶点云数据。为了估计纸标靶中心，需要将纸标靶点云数据进行图像化，所得的二值化图像称为目标图（图 3.2-39b）。同样地，采用前述模板匹配方法（式 3.2-43）对标靶中心进行估计，模板图见图 3.2-30。为提高纸标靶中心估计的鲁棒性和精准性，需要对目标图进行二值化处理，并采用边窗滤波算法（3.1.2 节）处

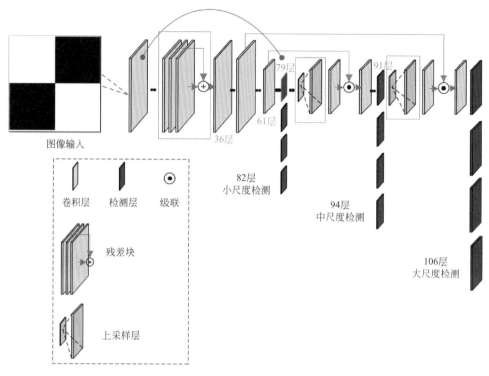

图 3.2-36　YOLO 神经网络的架构

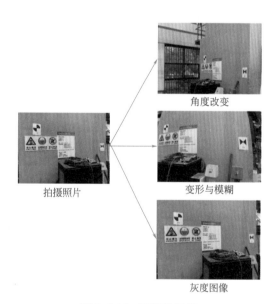

图 3.2-37　训练数据集

理。图 3.2-39（e）给出了模板匹配的结果，可见模板图与目标图成功匹配。提取模板图中心像素对应的纸标靶点云数据（图 3.2-39f 的蓝色部分），蓝色部分点云数据的中心点被确定为纸标靶的中心点（图 3.2-39f 的红色部分）。

(a) 彩色全景图像中的纸标靶检测

(b) 灰度全景图像中的纸标靶检测

图 3.2-38　真实场景的纸标靶检测

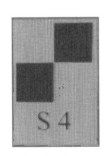

(a) 提取的纸标靶点云数据

(b) 目标图

(c) 边窗滤波后的目标图

(d) 二值化后的目标图

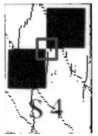

(e) 模板匹配

(f) 中心点

图 3.2-39　纸标靶中心估计

3.3 点云数据分割算法

三维激光扫描仪获取的点云数据包括场景内所有对象的点云数据，需要通过分割算法对目标点云数据进行提取。此外，目标点云数据可能由不同类别（依据具体需求划分）的点云数据组成，需要进一步采用点云数据分割算法完成目标点云数据的分割。

3.3.1 k 最近邻算法

在点云数据处理中，k 最近邻（kNN，k-Nearest Neighbor）算法常用于提取关键点的邻域点。算法的目标是搜索距离关键点最近的 k 个点作为关键点的邻域点；然而由于点云数据的无序性，直接搜索邻域点的计算量太大，一般需要先对点云数据进行结构化，以提高邻域点搜索的速度。

参数 k 的取值与点云密度相关，为克服参数 k 取值困难的问题，常采用距离约束的搜索方法，寻找距离小于给定距离的邻域点。

kNN 算法的具体步骤如下[20]：

（1）设定参数 k 或距离阈值 ε；

（2）给定点云数据集 $\boldsymbol{D}=\{\boldsymbol{p}_1，\boldsymbol{p}_2，\cdots，\boldsymbol{p}_m\}$，按 k-d 树或八叉树（3.1.5 节）算法对 $\boldsymbol{D}$ 进行结构化；

（3）对于 $\boldsymbol{p}_j \in \boldsymbol{D}$，遵循数据结构依次搜寻其邻域点；如果邻域点数量大于 k 或邻域点与 $\boldsymbol{p}_j$ 的距离大于距离阈值 ε，则停止搜寻。

图 3.3-1 给出了一个拱桥钢拱肋的侧面点云数据和粗略角点，需要采用 kNN 算法提取粗略角点的邻域点，以便进一步地得到钢拱肋的精准角点。根据上述算法流程对钢拱肋的侧面点云数据进行处理，设置参数 $\varepsilon=200\text{mm}$；搜索见图 3.3-2，可见 kNN 算法可完成粗略角点邻域点云数据的提取。

图 3.3-1 钢拱肋的侧面点云数据和粗略角点

图 3.3-2 基于 kNN 算法的邻域点提取

3.3.2　k 均值算法

k 均值（k-means）[21] 算法是将给定点云数据集 $\boldsymbol{D}=\{\boldsymbol{p}_1,\boldsymbol{p}_2,\cdots,\boldsymbol{p}_m\}$ 划分为 k 个簇，并使得误差平方和 E_k 最小，E_k 的数学表达式为：

$$E_k=\sum_{i=1}^{k}\sum_{\boldsymbol{x}\in C_i}\|\boldsymbol{x}-\boldsymbol{\mu}_i\|^2 \tag{3.3-1}$$

上式中，$\boldsymbol{C}_i$ 表示第 i 类别的簇；$\boldsymbol{\mu}_i$ 表示簇 $\boldsymbol{C}_i$ 的均值向量，按下式进行计算：

$$\boldsymbol{\mu}_i=\frac{1}{|\boldsymbol{C}_i|}\sum_{\boldsymbol{x}\in C_i}\boldsymbol{x} \tag{3.3-2}$$

上式中，$|\boldsymbol{C}_i|$ 表示簇的元素个数。为求得 E_k 的最小值，需要考虑点云数据集的所有簇划分，这是一个 NP 难问题；为此，k 均值算法采用了贪心策略，通过迭代优化来近似求解。

k 均值算法的具体步骤如下：

（1）设定簇类别 k、初始均值向量 $\{\boldsymbol{\mu}_1,\boldsymbol{\mu}_2,\cdots,\boldsymbol{\mu}_k\}$；

（2）给定点云数据集 $\boldsymbol{D}=\{\boldsymbol{p}_1,\boldsymbol{p}_2,\cdots,\boldsymbol{p}_m\}$，对于任意一点 $\boldsymbol{p}_j\in\boldsymbol{D}$，计算 $\boldsymbol{p}_j$ 与 k 个均值向量的距离，将 $\boldsymbol{p}_j$ 划到最小距离对应的簇；

（3）按式（3.3-2）重新获得均值向量；

（4）重复步骤（2）和（3），直至均值向量的变化小于预设的阈值。

图 3.3-3 为某复杂高层结构的楼层点云数据，需要将框架和剪力墙的点云数据从楼层点云数据中分割出来以便开展框架与核心筒的施工智能数字化尺寸检测。以楼层点云数据的 z 轴坐标作为样本值，根据上述流程对楼层点云数据进行处理，设置参数 $k=3$、初始均值向量为 $\{z_{min},(z_{min}+z_{max})/2,z_{max}\}$，结果见图 3.3.4，可见 k 均值算法可以较好地分割出框架和剪力墙的点云数据。

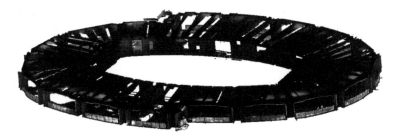

图 3.3-3　复杂高层的楼层点云数据

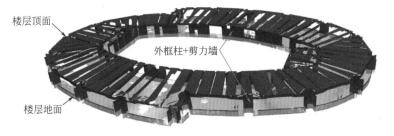

图 3.3-4　基于 k 均值算法的点云数据分割

3.3.3　区域增长算法

区域增长算法是图像分割领域的经典算法，同样可以应用于三维点云数据的分割，其基本思想为：依据特定规则选取一个点作为种子点，从种子点出发，按照一定的准则（生长准则），将与种子点具有相似特征的相邻点归类为同一区域，实现区域的不断增长，直至达到区域增长停止条件[22]。

区域增长算法中包含曲率阈值 β_{th} 和平滑阈值 θ_{th} 两个参数，算法的具体步骤如下：

（1）设定曲率阈值 β_{th}、平滑阈值 θ_{th}；

（2）给定点云数据集 $\boldsymbol{D}=\{\boldsymbol{p}_1，\boldsymbol{p}_2，\cdots，\boldsymbol{p}_m\}$，计算每一个点的法向量 $\boldsymbol{N}$ 和曲率 β，选取最小曲率所对应的点作为种子点；

（3）按 kNN 算法（3.3.1 节）获取种子点的邻域点云数据，计算每一个邻域点的法向量与种子点法向量的夹角 θ，以及每一个邻域点的曲率与种子点曲率的差值 β；若 $\theta<\theta_{th}$ 且 $\beta<\beta_{th}$，则将该邻域点加入种子点集，并删除当前种子点；

（4）基于更新后的种子点集，重复步骤（3），直至所有点均被分割。

点云数据中每个点的法向量与表面曲率计算，需要通过每个点的邻域点形成曲面，将该曲面的法向量及曲率作为这个点的法向量及曲率；实际操作中，通常采用 PCA 算法获取拟合曲面的法向量及表面曲率。

图 3.3-5 为弯扭型钢拱肋的点云数据，需要提取出拱肋底面的点云数据以便开展钢拱肋提升变形的智能数字化检测。根据上述算法流程对弯扭型钢拱肋的点云数据进行分割，设置参数 $\beta_{th}=0.05$ 且 $\theta_{th}=10°$；分割结果见图 3.3-6，其中最大的簇点云数据即为钢拱肋底面的点云数据。

图 3.3-5　弯扭型钢拱肋的点云数据　　　　图 3.3-6　基于区域增长算法的点云数据分割
（紫色点为钢拱肋底面的点云数据）

3.3.4　密度聚类算法

密度聚类算法从点云数据密度的角度来考察点云数据之间的可连接性，并基于可连接点云数据不断扩展聚类簇以获得最终的聚类结果。最常用的密度聚类是 DBSCAN 算法，它基于一组邻域参数来刻画点云数据分布的紧密程度，邻域参数包括邻域半径 ε 和点云数据数量阈值 $MinPts$[23]。给定点云数据集 $\boldsymbol{D}=\{\boldsymbol{p}_1，\boldsymbol{p}_2，\cdots，\boldsymbol{p}_m\}$，对于 $\boldsymbol{p}_j\in\boldsymbol{D}$，若其 ε-邻域点的数量 $\boldsymbol{N}_\varepsilon(\boldsymbol{p}_j)\geqslant MinPts$，则 p_j 是一个核心对象。

DBSCAN 算法的具体步骤如下：

（1）设定参数对（ε，*MinPts*）；

（2）给定点云数据集 $D = \{p_1, p_2, \cdots, p_m\}$，按 kNN 算法（3.3.1 节）得到每一个点的邻域点数量 $N_\varepsilon(p)$，若 $N_\varepsilon(p) > MinPts$，则将当前点加入核心对象集；

（3）以任意一个核心对象 p_i 为起始点，不断向集合 *Temp* 扩展核心对象的邻域点，直至 *Temp* 不再增加；

（4）标记集合 *Temp* 的元素，清空集合 *Temp*；

（5）核心对象集移除已遍历的核心对象；

（6）重复步骤（3）至（5），直至核心对象集为空。

图 3.3-7 为某钢构件上的螺栓孔群的点云数据；需要将每个螺栓孔的点云数据从螺栓孔群中分割出来，以便开展螺栓孔的智能数字化尺寸检测。根据上述算法流程对螺栓孔群的点云数据进行处理，设置参数为 ε＝10mm 且 *MinPts*＝10；聚类结果见图 3.3-8，可见 DBSCAN 算法能较好地分割出螺栓孔群的点云数据。

图 3.3-7 螺栓孔群的点云数据

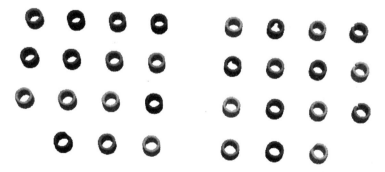

图 3.3-8 基于 DBSCAN 算法的点云数据分割（不同颜色表示不同螺栓孔点云数据）

3.3.5 凸包点云分割算法

为得到目标物体的完整点云数据，需要将三维激光扫描仪环绕着目标物体进行扫描，目标点云数据必然在扫描站点的凸包内；凸包就是能包含目标物的最小凸多边形。基于以上先验知识，提出了基于凸包的点云数据分割方法，可简称为凸包点云分割算法。基于凸包的点云数据分割方法包括两个步骤：（1）确定扫描站点集的凸包；（2）判断点是否在凸包内。

73

1. 凸包的确定

给定扫描站点集 $P = \{e_1, e_2, \cdots, e_n\}$，水平投影后的 P 见图 3.3-9（a），确定凸包的步骤如下：

（1）选取 y 坐标最大的扫描站点 e_1，顺时针旋转以点 e_1 作为起点的水平正方向射线（蓝色实线），最小旋转角射线（蓝色虚线）对应的扫描站点 e_2 即为下一个射线起点；

（2）顺时针旋转以点 e_2 作为起点的射线 e_2e_1，最小旋转角射线对应的扫描站点 e_3 即为下一个射线起点；

（3）重复步骤（2）的类似操作，直至回到起始点 e_1。

图 3.3-9 给出了确定扫描站点集最小凸包的示例，图中红线围成的区域即为凸包。

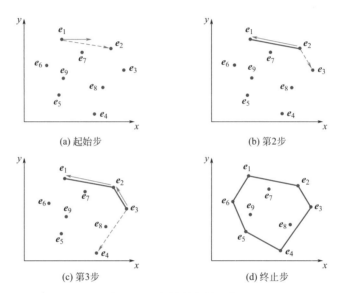

图 3.3-9 扫描站点的凸包

2. 点的位置判断

采用 PNPoly 算法确定某一点是否在扫描站点的凸包内，具体的步骤如下：

（1）对于任意的点 p，确定任意一条以 p 为起点的射线 l；

（2）判断射线 l 与最小凸包的各边是否相交；

（3）统计与射线 l 相交的边数量 m；

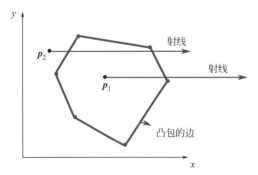

图 3.3-10 点的位置判断

（4）若 m 为奇数，则 p 为内部点；否则，p 为非内部点。

图 3.3-10 给出了判断点是否在凸包内的示例，图中 p_1 为内部点，而 p_2 为非内部点。

凸包点云分割算法的具体步骤如下：

（1）给定点云数据集 $D = \{p_1, p_2, \cdots, p_m\}$ 和扫描站点集 $P = \{e_1, e_2, \cdots, e_n\}$；

（2）将点云数据集 D 和扫描站点集 P 进

行水平投影；

（3）确定扫描站点集 P 的凸包；

（4）遍历 D，采用 PNPoly 算法判断点 p 是否在凸包内；若 p 是内部点，添加到集合 T；

（5）输出集合 T。

图 3.3-11 为一组完整的扫描点云数据，各扫描站点用白色圆圈表示。根据上述流程对此组点云数据进行处理，结果如图 3.3-12 所示，可见凸包点云分割算法能粗略地提取出目标点云数据。

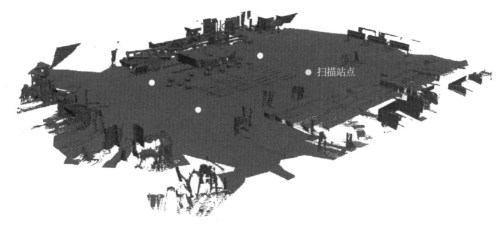

图 3.3-11　配准后的扫描点云数据

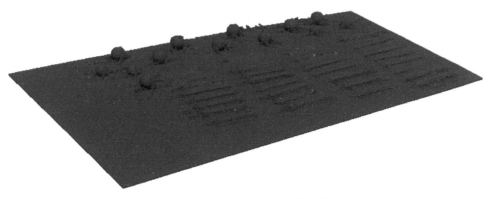

图 3.3-12　基于凸包的点云数据分割

3.4　点云数据配准算法

为得到完整的目标点云数据，通常需要三维激光扫描仪从不同方位对目标进行点云数据获取；但在不同位置扫描得到的不同点云数据，其坐标原点均为扫描时的扫描仪位置。可见，从各方位获取的点云数据位于不同的坐标系，需要通过配准算法将其统一到同一坐标系中。点云数据配准就是将不同坐标系中的数据点通过坐标变换的方式统一到同一坐标

75

系中；变换过程中，通常将保持不动的点云数据称为目标点云数据，需要进行变换的数据称为源点云数据。点云配准实际上是寻找目标点云数据与源点云数据之间的刚性变换矩阵（旋转矩阵 $\boldsymbol{R}$ 和平移矩阵 $\boldsymbol{T}$），以实现二者之间的最优匹配。

3.4.1　普氏分析算法

给定目标点云数据集 $\boldsymbol{D}_{\mathrm{T}}$ 中的某子集 $\boldsymbol{Q}=\{\boldsymbol{q}_1,\ \boldsymbol{q}_2,\ \cdots,\ \boldsymbol{q}_{\mathrm{m}}\}$ 和源点云数据集 $\boldsymbol{D}_{\mathrm{S}}$ 中的某子集 $\boldsymbol{P}=\{\boldsymbol{p}_1,\ \boldsymbol{p}_2,\ \cdots,\ \boldsymbol{p}_{\mathrm{m}}\}$，$\boldsymbol{Q}$ 与 $\boldsymbol{P}$ 的元素数量应相同，且 $\boldsymbol{Q}$ 与 $\boldsymbol{P}$ 的元素按序号一一对应（$\boldsymbol{Q}$ 与 $\boldsymbol{P}$ 的确定方法见本章后续内容）。普氏分析算法[24] 的目标函数为：

$$\underset{\boldsymbol{R},\ \boldsymbol{T}}{\arg\min}\sum_{i=1}^{m}\parallel \boldsymbol{R}\boldsymbol{p}_i+\boldsymbol{T}-\boldsymbol{q}_i\parallel^2 \tag{3.4-1}$$

上式中，$\boldsymbol{q}_i$ 是 $\boldsymbol{Q}$ 的第 i 个元素，$\boldsymbol{p}_i$ 是 $\boldsymbol{P}$ 中与 $\boldsymbol{q}_i$ 对应的元素，$\boldsymbol{Q}$ 与 $\boldsymbol{P}$ 的元素数量均为 m，$\boldsymbol{R}$ 和 $\boldsymbol{T}$ 一般分别为 3×3 阶的旋转矩阵和 3×1 阶的平移矩阵（此处为向量）。上式的目的是寻找 $\boldsymbol{R}$ 和 $\boldsymbol{T}$，使得经过变换的源点云数据与目标点云数据最接近；$\boldsymbol{R}$ 和 $\boldsymbol{T}$ 可通过下列各式进行求解：

$$\boldsymbol{W}=\sum_{i=1}^{m}(\boldsymbol{q}_i-\boldsymbol{\mu}_{\mathrm{q}})(\boldsymbol{p}_i-\boldsymbol{\mu}_{\mathrm{p}})^T \tag{3.4-2}$$

$$\boldsymbol{W}=\boldsymbol{U}\boldsymbol{\Sigma}\boldsymbol{V}^{\mathrm{T}} \tag{3.4-3}$$

$$\boldsymbol{R}=\boldsymbol{V}\boldsymbol{U}^{\mathrm{T}} \tag{3.4-4}$$

$$\boldsymbol{T}=\boldsymbol{\mu}_{\mathrm{q}}-\boldsymbol{R}\boldsymbol{\mu}_{\mathrm{p}} \tag{3.4-5}$$

上式中，$\boldsymbol{\mu}_{\mathrm{p}}$ 和 $\boldsymbol{\mu}_{\mathrm{q}}$ 分别为 $\boldsymbol{Q}$ 和 $\boldsymbol{P}$ 的坐标均值；对角矩阵 $\boldsymbol{\Sigma}$、左奇异向量矩阵 $\boldsymbol{U}$ 以及右奇异向量矩阵 $\boldsymbol{V}$ 均由矩阵 $\boldsymbol{W}$ 的奇异值分解得到。普氏分析算法的具体步骤如下：

（1）给定目标点云数据集 $\boldsymbol{D}_{\mathrm{T}}$ 中的某子集 $\boldsymbol{Q}=\{\boldsymbol{q}_1,\ \boldsymbol{q}_2,\ \cdots,\ \boldsymbol{q}_{\mathrm{m}}\}$ 和源点云数据集 $\boldsymbol{D}_{\mathrm{S}}$ 中的某子集 $\boldsymbol{P}=\{\boldsymbol{p}_1,\ \boldsymbol{p}_2,\ \cdots,\ \boldsymbol{p}_{\mathrm{m}}\}$，计算坐标均值 $\boldsymbol{\mu}_{\mathrm{p}}$ 和 $\boldsymbol{\mu}_{\mathrm{q}}$；

（2）按式（3.4-2）计算矩阵 $\boldsymbol{W}$，对 $\boldsymbol{W}$ 进行奇异值分析得到对角矩阵 $\boldsymbol{\Sigma}$、左奇异向量矩阵 $\boldsymbol{U}$ 以及右奇异向量矩阵 $\boldsymbol{V}$；

（3）按式（3.4-4）计算旋转矩阵 $\boldsymbol{R}$，并按式（3.4-5）获得平移矩阵 $\boldsymbol{T}$；

（4）基于 $\boldsymbol{R}$ 和 $\boldsymbol{T}$ 对源点云数据集做变换，得到变换后的源点云数据集 $\boldsymbol{D}'_{\mathrm{S}}$

$$\boldsymbol{D}'_{\mathrm{S}}=\boldsymbol{R}\boldsymbol{D}_{\mathrm{S}}+\boldsymbol{T}$$

图 3.4-1 给出了两段钢拱肋的点云数据，其中角点坐标及其对应关系已通过其他算法得到。由图中可见，拱肋-1 和拱肋-2 的点云数据需要进行匹配，其中已知 1 号和 2 号点分别与 a 号和 b 号相对应。如果采用人工进行匹配，可将拱肋-1 点云数据进行旋转和平移，实现与拱肋-2 点云数据的拼接。采用人工进行匹配存在两个主要问题：（1）人工处理效率低，也不利于全过程自动化；（2）人工拼接可能是让 1 号点和 a 号点完全重合，2 号点与 b 号点尽量接近，但这样的操作没有明确的评价依据，很难得到最优解。本例中，采用普氏分析算法进行匹配，可得到旋转和平移矩阵，从而实现拱肋-1 的自动化旋转和平移，计算效率高；且旋转和平移矩阵是通过目标函数的优化而求得，能够得到最优解。图 3.4-2 是采用二维普氏分析算法进行拱肋点云数据匹配的结果，可见匹配效果较好；匹配的过程就是两段拱肋进行智能数字化预拼装的过程。

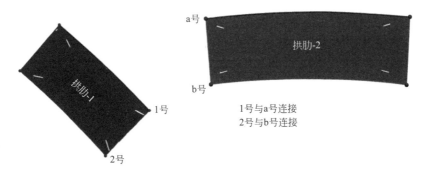

图 3.4-1 钢拱肋的点云数据、角点坐标和角点对应关系

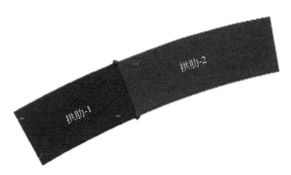

图 3.4-2 普氏分析算法的效果

3.4.2 迭代最近邻算法

采用三维激光扫描仪扫描某个物体时，一般需要从不同角度（位置）分别扫描，然后再将所有的扫描数据进行配准，形成被扫描物体的完整点云数据。配准一般分为粗匹配和精细匹配两个过程，粗匹配可实现不同角度扫描点云数据的整体匹配，但粗匹配结果中常存在局部位置偏差较大的问题，而进一步的精细匹配就可消除这种局部偏差。此处介绍的迭代最近邻算法（Iterative Closest Point，ICP）[25] 就是一种最常用的精细匹配算法。

采用普氏分析算法的前提是找到两组点云数据之间某些点的一一对应关系，但点云数据仅是一些三维坐标点，没有任何对应关系，需要采用一定的方法建立这种对应关系。对于目标点云数据集 $D_T = \{q_1, q_2, \cdots, q_m\}$ 和源点云数据集 $D_S = \{p_1, p_2, \cdots, p_n\}$，迭代最近邻算法通过最近邻搜索创建匹配点对，建立一些点之间的一一对应关系，进而可通过普氏分析得到 D_T 和 D_S 之间的变换矩阵。这是进行一次迭代的过程，但计算过程中仅通过一次迭代一般达不到预期目标，需重复上述过程进行多次迭代。迭代最近邻算法的目标函数为：

$$\underset{R, T}{\arg\min} \sum_{i=1}^{m} \| Rp_i + T - q_i \|^2 \tag{3.4-6}$$

上式中，q_i 是目标点云数据集 D_T 的第 i 个元素；p_i 是 q_i 在源点云数据集 D_S 中的最近邻点（距离最近点），即 p_i 和 q_i 形成了一组一一对应点；m 为 D_T 中数据点的数量。R 和 T 通过普氏分析算法进行求解。

77

迭代最近邻算法的具体步骤如下：

（1）给定目标点云数据集 $\boldsymbol{D}_T = \{\boldsymbol{q}_1，\boldsymbol{q}_2，\cdots，\boldsymbol{q}_m\}$ 和源点云数据集 $\boldsymbol{D}_S = \{\boldsymbol{p}_1，\boldsymbol{p}_2，\cdots，\boldsymbol{p}_n\}$，设定距离阈值 ε。

（2）针对 $\boldsymbol{D}_T$ 中的任意一个数据点 $\boldsymbol{q}_i$，通过最近邻算法获得其在源点云数据集 $\boldsymbol{D}_S$ 中的最近邻点 $\boldsymbol{p}_i$，若 $\boldsymbol{q}_i$ 与 $\boldsymbol{p}_i$ 之间的距离小于 ε，则得到一个对应的匹配点对 $(\boldsymbol{p}_i，\boldsymbol{q}_i)$；遍历 $\boldsymbol{D}_T$，则可得到 N 个匹配点对 $\{(\boldsymbol{p}_1，\boldsymbol{q}_1)，(\boldsymbol{p}_2，\boldsymbol{q}_2)，\cdots，(\boldsymbol{p}_N，\boldsymbol{q}_N)\}$。注意，一般 $N < m$（m 为 $\boldsymbol{D}_T$ 中数据点的数量），因为并非所有数据点与其最近邻之间的距离均小于 ε。

（3）基于步骤（2）得到的 N 个匹配点对，采用普氏分析算法求得旋转矩阵 $\boldsymbol{R}$ 和平移矩阵 $\boldsymbol{T}$，并将源点云数据集 $\boldsymbol{D}_S$ 进行变换，得到 $\boldsymbol{D}'_S$。

（4）用 $\boldsymbol{D}'_S$ 代替 $\boldsymbol{D}_S$ 并不断重复步骤（2）和（3），直至达到收敛条件。

收敛条件可采用以下规则：

（1）达到最大迭代次数；

（2）两次迭代中，N 与 m 的比值变化小于设定阈值；

（3）两次迭代中，均方误差 s 的变化小于设定阈值，s 的计算公式为

$$s = \sum_{i=1}^{m} \| \boldsymbol{R}\boldsymbol{p}_i + \boldsymbol{T} - \boldsymbol{q}_i \|^2$$

图 3.4-3 为粗配准后的某伸臂桁架构件点云数据。为了实现扫描点云数据和 BIM 点云数据的精细配准，根据上述原理对粗配准后的伸臂桁架点云数据进行处理，设定参数 $\varepsilon = 10\text{mm}$；计算结果见图 3.4-4，可见迭代最近邻算法可以实现点云数据的精细配准。

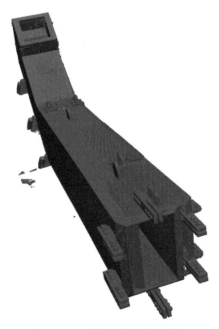

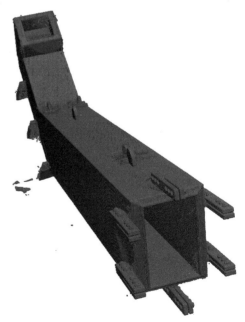

图 3.4-3　粗配准后的伸臂桁架
点云数据（存在错动）
（蓝色点为扫描点云数据，
红色点为 BIM 模型点云数据）

图 3.4-4　基于迭代最近邻算法的
点云数据配准（错动消除）
（蓝色点为扫描点云数据，
红色点为 BIM 模型点云数据）

3.4.3 基准点全排列配准算法

标靶球和标靶纸是常用的配准基准点（两站扫描之间的共同特征点），实际应用中，构部件点云数据配准所需标靶球或标靶纸的数量通常不超过 6 个；针对这种基准点数量较少的情况，提出了基准点全排列配准算法。假定由目标点云数据 D_T 和源点云数据 D_S 得到的配准基准点集合分别为 $\{q_t\}$ 和 $\{p_s\}$，分别从 $\{q_t\}$ 和 $\{p_s\}$ 中选出 3 个配准基准点进行全排列（三维空间中确定变换矩阵至少需要 3 个不共线点），可得候选组合种类数量为 $qt\times(qt-1)\times(qt-2)\times ps\times(ps-1)\times(ps-2)/6$，其中 qt 和 ps 分别为集合 $\{q_t\}$ 和 $\{p_s\}$ 的元素数量。对每一候选组合，采用普氏分析算法进行配准，配准的评价函数 g 为：

$$g=\sum_{i=1}^{qt}\sum_{j=1}^{ps}\eta \tag{3.4-7}$$

$$\eta=\eta(\|q_{si}-p'_{sj}\|)=\begin{cases}0 & \|q_{si}-p'_{sj}\|>\varepsilon\\1 & \|q_{si}-p'_{sj}\|\leqslant\varepsilon\end{cases} \tag{3.4-8}$$

上式中，p'_{sj} 表示配准后 p_{sj} 的坐标；ε 为距离阈值；η 为配准的标识，$\eta=1$ 表示 p'_{sj} 和 q_{si} 互相在对方的 ε 邻域内，$\eta=0$ 时则互相不在邻域内。配准中，$\{q_t\}$ 中的某些点可能在 $\{p_s\}$ 中某些点的 ε 邻域内，形成 $\{q_t\}$ 和 $\{p_s\}$ 中某些点组成的邻域点对；这些邻域点对的数量越多，就表明配准精度越高，配准效果越好，g 的值也将越大，因此最大 g 值所对应的组合即为所求组合，根据所求组合就可求出最终的配准变换矩阵。

基准点全排列配准算法具体步骤如下：

（1）设定距离阈值 ε；

（2）给定目标配准基准点集 $\{q_t\}$ 和源配准基准点集 $\{p_s\}$，对 $\{q_t\}$ 和 $\{p_s\}$ 进行全排列，得到 $qt\times(qt-1)\times(qt-2)\times ps\times(ps-1)\times(ps-2)/6$ 种候选组合；

（3）对每一种候选组合，采用普氏分析算法进行配准，并计算配准后的评价函数 g 值；

（4）输出所有候选组合中最大 g 值对应的旋转矩阵 R 和平移矩阵 T；如果多种候选组合的评价函数值均为最大值，则用点云数据 D_T 和 D_S 代替配准基准点 $\{q_t\}$ 和 $\{p_s\}$ 计算评价函数；

（5）采用 3.4.2 节的 ICP 算法实现 D_T 和 D_S 的精细配准。

图 3.4-5 给出了陆地式三维激光扫描仪和手持式三维扫描仪获得的点云数据，并已采用 3.2.6 节的算法（多球并行检测算法）确定了配准基准点集。需要将两站点云数据统一到同一坐标系，可将陆地式三维激光扫描仪的数据作为目标点云数据，并将手持式三维扫描仪的数据作为源点云数据。根据上述原理对配准基准点集进行处理，设定参数 $\varepsilon=30mm$，得到旋转矩阵 R 和平移矩阵 T；配准结果见图 3.4-6，可见基准点全排列配准算法的配准结果较好。

3.4.4 快速四点一致集算法

物体表面的法向量等几何特征在局部发生突变的点，在检测或配准中可作为特征点。但外观复杂构部件或建筑的特征点很多，采用上一节的基准点全排列配准算法将导致计算

79

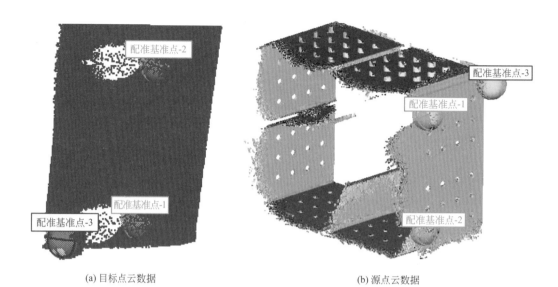

(a) 目标点云数据　　　　　　　　　　　　　　　　(b) 源点云数据

图 3.4-5　待配准的点云数据和配准基准点

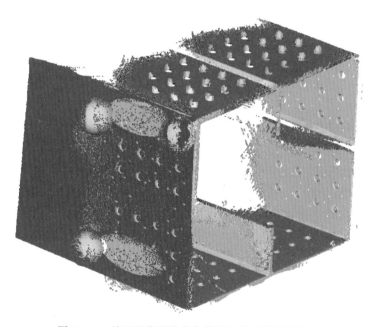

图 3.4-6　基于配准基准点全排列的点云数据配准

量过大的问题。针对此问题，一种有效的解决方法是快速四点一致集算法（Super 4-Points Congruent Sets，Super 4PCS）[26]。快速四点一致集算法的理论基础是共面四点对的仿射不变性，算法基本思想属于随机抽样一致范畴。假定 $\boldsymbol{D}_\mathrm{T} = \{\boldsymbol{q}_1, \boldsymbol{q}_2, \cdots, \boldsymbol{q}_\mathrm{m}\}$ 和 $\boldsymbol{D}_\mathrm{S} = \{\boldsymbol{p}_1, \boldsymbol{p}_2, \cdots, \boldsymbol{p}_\mathrm{n}\}$ 是两个待配准的点云数据集（图 3.4-7），在 $\boldsymbol{D}_\mathrm{T}$ 中选取 4 个共面不共线的点（$\boldsymbol{q}_1, \boldsymbol{q}_2, \boldsymbol{q}_3, \boldsymbol{q}_4$）作为点基；点基的属性包括点距（$d_1$ 和 d_2）、比例因子（r_1 和 r_2）和夹角（θ），分别按下列公式计算：

$$d_1 = \| \boldsymbol{q}_1 - \boldsymbol{q}_3 \| \tag{3.4-9}$$

$$d_2 = \| \boldsymbol{q}_2 - \boldsymbol{q}_4 \| \tag{3.4-10}$$

$$r_1 = \| \boldsymbol{q}_1 - \boldsymbol{e} \| / \| \boldsymbol{q}_1 - \boldsymbol{q}_3 \| \tag{3.4-11}$$

$$r_2 = \| \boldsymbol{q}_2 - \boldsymbol{e} \| / \| \boldsymbol{q}_2 - \boldsymbol{q}_4 \| \tag{3.4-12}$$

$$\theta = < \boldsymbol{eq}_3 , \boldsymbol{eq}_4 > \tag{3.4-13}$$

上式中，$\boldsymbol{e}$ 为直线 $\boldsymbol{q}_1\boldsymbol{q}_3$ 与 $\boldsymbol{q}_2\boldsymbol{q}_4$ 的交点；$<\boldsymbol{eq}_3 , \boldsymbol{eq}_4>$ 表示向量 $\boldsymbol{eq}_3$ 和向量 $\boldsymbol{eq}_4$ 的夹角。

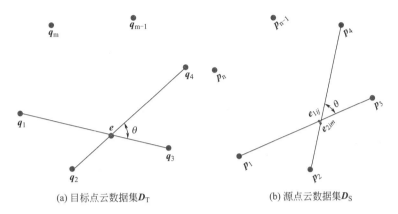

(a) 目标点云数据集 $\boldsymbol{D}_T$　　　　　　　　　(b) 源点云数据集 $\boldsymbol{D}_S$

图 3.4-7　快速四点一致集算法基本原理的示意

确定了 $\boldsymbol{D}_T$ 的点基后，需要从 $\boldsymbol{D}_S$ 中找到与点基属性相近的 4 个点，将这 4 个点与点基配对，形成一一对应关系，就可求得旋转和平移矩阵。以某构件的两站三维激光扫描点云数据为例，见图 3.4-8：第一站作为目标点云数据，可找到一个点基（一个四边形），第二站作为源点云数据，就需要找到与点基属性相近（形状与大小接近）的 4 个点，这 4 个点形成与点基中各点的一一对应关系。对于这个构件，两站扫描的数据中，目标数据的点基中的 4 个点形成的四边形，与源数据中对应 4 个点形成的四边形，虽然三维坐标完全不同，但两个四边形的属性几乎相同，这就反映出一种仿射不变性。

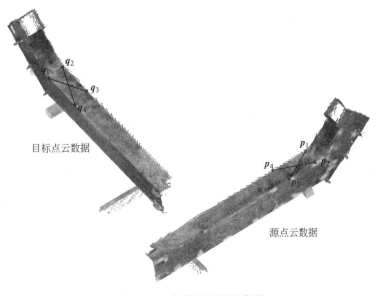

图 3.4-8　仿射不变性示意图

对于 D_S 中的每一个点 p_i，计算与点 p_i 距离在 $[d_1-\varepsilon,\ d_1+\varepsilon]$ 范围内的点并纳入点对集 S_1 中（ε 为距离阈值），并计算与点 p_i 距离在 $[d_2-\varepsilon,\ d_2+\varepsilon]$ 范围内的点并纳入点对集 S_2 中；以图 3.4-7 为例，p_i 可能是其中的 p_1 或 p_2，而 p_1、p_2 分别与 q_1、q_2 一一对应。可基于仿射不变性的原理，由 S_1 和 S_2 分别确定交点坐标 e_{1ij} 和 e_{2im}。假定 p_i 为 p_1 时，则可求得 p_1 与 p_3 上的交点坐标 e_{1ij} 为

$$e_{1ij} = p_i + r_1(p_j - p_i) \tag{3.4-14}$$

上式中，p_j 即为图 3.4-7 中的 p_3。

假定 p_i 为 p_2 时，则可求得 p_2 与 p_4 上的交点坐标 e_{2im} 为

$$e_{2im} = p_i + r_2(p_m - p_i) \tag{3.4-15}$$

上式中，p_m 即为图 3.4-7 中的 p_4。

遍历 D_S 中的每一个点，可分别得到多个 e_{1ij} 和 e_{2im}，即得到两个点的集合 $\{e_1\}$ 和 $\{e_2\}$。假定具体的点 e_{1ij} 和 e_{2nm} 对应于点基中的同一个交点 e，则 e_{1ij} 和 e_{2nm} 理论上应重合，且 e_{1ij} 和 e_{2nm} 对应的直线夹角理论上应为 θ，而实际计算中一般不可能，但应差别很小。在 $\{e_1\}$ 和 $\{e_2\}$ 中搜索距离很近的 e_{1ij} 和 e_{2nm}（可设定距离阈值），且 e_{1ij} 和 e_{2nm} 对应直线的夹角也与 θ 相差很小（可设定阈值）；搜索结果可能为多个，这多个结果对应多个四点对。采用普氏分析算法将这多个四点对与点基进行配准，得到相应的多个变换矩阵结果（转动与平移矩阵对应组合），最后选取配准结果最好的变换矩阵对源数据点云进行变换，完成配准。

快速四点一致集算法的具体步骤如下：

（1）设定距离和角度参数 $\{\varepsilon\}$、计算次数阈值 k、点距阈值 d（允许 d_1 和 d_2 相等）。

（2）给定目标点云数据集 $D_T = \{q_1,\ q_2,\ \cdots,\ q_m\}$，从 D_T 中选取四个共面不共线的点基（q_1，q_2，q_3，q_4），按式（3.4-9）～式（3.4-13）计算点基的属性，要求点距应大于点距阈值 d；

（3）给定源点云数据集 $D_S = \{p_1,\ p_2,\ \cdots,\ p_n\}$，计算搜索出点对集 S_1 和 S_2；

（4）遍历 S_1 和 S_2 中的每一个元素，按式（3.4-14）和式（3.4-15）计算交点坐标，得到 $\{e_1\}$ 和 $\{e_2\}$；

（5）在 $\{e_1\}$ 和 $\{e_2\}$ 中搜索距离很近的 e_{1ij} 和 e_{2nm}（根据阈值），且 e_{1ij} 和 e_{2nm} 对应直线的夹角也与 θ 相差很小（根据阈值），进而得到对应的点集对集合 $\{(q_1,\ q_2,\ q_3,\ q_4)\}$；

（6）采用普氏分析算法对（p_1，p_2，p_3，p_4）和 $\{(q_1,\ q_2,\ q_3,\ q_4)\}$ 进行配准，再按式（3.4-7）计算当前配准的评价函数 g 值，并记录最大 g 值对应的旋转矩阵 R 和平移矩阵 T；

（7）重复步骤（2）～（6），更换点基，计算新的 g 值；

（8）进行 k 次计算，得到 k 个 g 值，选择其中最大 g 值对应的旋转矩阵 R 和平移矩阵 T，进行 D_T 和 D_S 的粗配准；

（9）采用 ICP 算法实现 D_T 和 D_S 的精细配准。

注意，算法流程中，需要从目标点云数据中选择 k 个点基进行 k 次计算，并选择 k 次计算中的 g 值最大结果，作为粗匹配变换矩阵。

图 3.4-9 给出了复杂高层结构的平面点云数据，为了开展复杂高层结构施工的智能数

字化尺寸检测，需要将竣工模型和设计模型进行配准。根据上述原理对复杂高层结构的平面点云数据进行处理，设定参数 $\varepsilon=0.5\mathrm{m}$、迭代次数阈值 $k=500$、点距阈值 $d=40\mathrm{m}$；计算结果见图 3.4-10，可见采用快速四点一致集算法可实现复杂点云数据的配准。

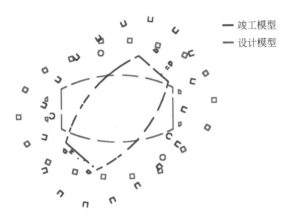

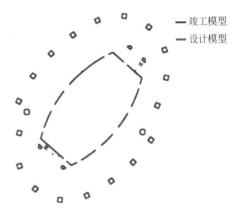

图 3.4-9　复杂高层结构的平面点云数据　　　图 3.4-10　快速四点一致集算法的效果

3.4.5　全局特征点云配准算法

目前，点云数据配准算法一般都是基于点、线、球等局部特征进行计算，但当局部特征点数量规模比较大时，现有配准算法面临着易陷入局部最优、鲁棒性低和计算成本高的问题。点云数据的全局信息可以先为配准提供粗定位，从而有效地克服现有配准算法的不足。本书提出了基于全局特征的点云数据配准算法（简称为全局特征点云配准算法），其基本思想是利用全局特征（外观角点）实现点云数据的粗配准，进而采用迭代最近邻算法实现点云数据的精细配准。针对构部件侧面特征区分度低的点云数据，采用基于有向包围盒角点的点云数据配准算法；针对构部件侧面特征区分度高的点云数据，采用基于侧面角点的点云数据配准算法。

基于有向包围盒的点云数据配准算法具体步骤如下：

(1) 设定参数 ε。

(2) 给定目标点云数据集 $\boldsymbol{D}_\mathrm{T}=\{\boldsymbol{q}_1,\ \boldsymbol{q}_2,\ \cdots,\ \boldsymbol{q}_\mathrm{m}\}$ 和源点云数据集 $\boldsymbol{D}_\mathrm{S}=\{\boldsymbol{p}_1,\ \boldsymbol{p}_2,\ \cdots,\ \boldsymbol{p}_\mathrm{n}\}$；采用 3.2.3 节中的有向包围盒法分别对 $\boldsymbol{D}_\mathrm{T}$ 和 $\boldsymbol{D}_\mathrm{S}$ 进行处理，得到角点集 $\{\boldsymbol{q}_\mathrm{t}\}$ 和 $\{\boldsymbol{p}_\mathrm{s}\}$。

(3) 基于 $\boldsymbol{D}_\mathrm{T}$、$\boldsymbol{D}_\mathrm{S}$、$\{\boldsymbol{q}_\mathrm{t}\}$ 和 $\{\boldsymbol{p}_\mathrm{s}\}$，采用 3.4.3 节的算法实现 $\boldsymbol{D}_\mathrm{T}$ 和 $\boldsymbol{D}_\mathrm{S}$ 的粗配准。

(4) 采用 ICP 算法实现 $\boldsymbol{D}_\mathrm{T}$ 和 $\boldsymbol{D}_\mathrm{S}$ 的精细配准。

图 3.4-11 为一个钢桁架斜腹杆的点云数据，根据上述流程对此点云数据进行处理，设定参数 $\varepsilon=20\mathrm{mm}$；计算结果见图 3.4-12，可见基于有向包围盒的点云数据配准算法实现了点云数据的配准。

基于侧面角点的点云数据配准算法具体步骤如下：

(1) 设定随机采样一致性算法参数 γ 和 s、Harris 算法参数 R_t 的阈值、参数 ε、道格拉斯-普克算法 d_limt。

(2) 给定目标点云数据集 $\boldsymbol{D}_\mathrm{T}=\{\boldsymbol{q}_1,\ \boldsymbol{q}_2,\ \cdots,\ \boldsymbol{q}_\mathrm{m}\}$ 和源点云数据集 $\boldsymbol{D}_\mathrm{S}=\{\boldsymbol{p}_1,$

(a) 目标点云数据

(b) 源点云数据

图 3.4-11　钢桁架斜腹杆的点云数据

（红色点表示被检测出的角点）

图 3.4-12　基于有向包围盒的点云数据配准

p_2，…，p_n}，采用 3.2.1 节的随机采样一致性算法分别对 $\boldsymbol{D}_T$ 和 $\boldsymbol{D}_S$ 进行处理，得到侧面点云数据。

（3）旋转 $\boldsymbol{D}_T$ 和 $\boldsymbol{D}_S$，使得侧面的法向量与 Z 轴平行。

（4）采用 3.2.3 节中的 Harris 算法对侧面点云数据的二值化图像进行处理，得到粗略的侧面角点集。

（5）采用 3.2.3 节中的道格拉斯-普克算法对粗略的侧面角点集进行处理，得到精修后的侧面角点集。

（6）采用 3.4.3 节的算法对精修后的侧面角点集进行处理，得到旋转矩阵 $\boldsymbol{R}$ 和平移矩阵 $\boldsymbol{T} = \begin{bmatrix} T_x & T_y & T_z \end{bmatrix}^T$。

（7）计算 $\boldsymbol{D}_T$ 的 Z 轴坐标均值 D_{TZM}；计算 $\boldsymbol{D}_S$ 的 Z 轴坐标均值 D_{SZM}。

（8）采用旋转矩阵 $\boldsymbol{R}$ 和平移矩阵 $\begin{bmatrix} T_x & T_y & T_z + D_{TZM} - D_{SZM} \end{bmatrix}^T$ 对 $\boldsymbol{D}_S$ 进行坐标变换，实现 $\boldsymbol{D}_T$ 和 $\boldsymbol{D}_S$ 的粗配准。

（9）采用 ICP 算法实现 $\boldsymbol{D}_T$ 和 $\boldsymbol{D}_S$ 的精细配准。

图 3.4-13 为一个伸臂桁架杆件的点云数据；根据上述流程对此点云数据进行处理，设定参数 $R_t = 0.2R_{tmax}$、$\gamma = 0.5$、$s = 3$、$\varepsilon = 30\text{mm}$、$d_{limt} = 1\text{m}$；计算结果见图 3.4-14，可

见基于侧面角点的点云数据配准算法实现了点云数据的配准。

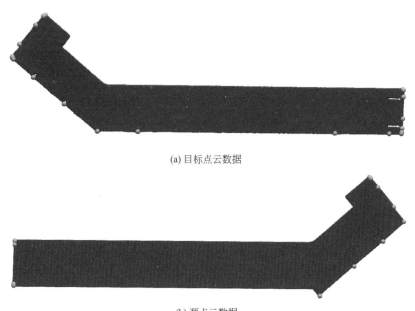

(a) 目标点云数据

(b) 源点云数据

图 3.4-13 伸臂桁架的点云数据

（黄色点表示被检测出的角点）

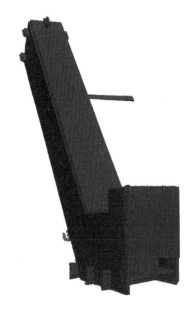

图 3.4-14 基于侧面角点的点云数据配准

3.5 小结

本章对点云数据处理所需的一些经典算法进行了详细介绍，尤其是对数学原理进行了深入讲解，使读者在了解算法流程的同时，对算法的底层数学处理过程也能深入掌握，从而具备算法的进一步改进能力。虽然目前在点云处理方面的经典算法很多，但针对大型复杂钢结构的智能数字化尺寸检测和预拼装技术，已有算法并不能解决所有问题，因此本章在已有算法基础上提出了拉普拉斯-滚球混合算法、多球并行检测算法、平面标靶检测算法、凸包点云分割算法、全局特征点云配准算法等综合算法。通过经典算法和本章所提算法的结合应用，就可实现结构的智能数字化尺寸检测和预拼装目标。

参考文献

［1］ Open3d. Geometry. Point cloud ［EB/OL］. ［2022-06-08］. http：//www. open3d. org/docs/release/tutorial/geometry/pointcloud. html? highlight＝uniform％20downsampling.

［2］ RUSU R B. Semantic 3D Object Maps for Everyday Manipulation in Human Living Environments ［J］. Künstl Intell，2010，24：345-348.

［3］ JIANG J，WANG X，DUAN F. An Effective Frequency-Spatial Filter Method to Restrain the Interferences for Active Sensors Gain and Phase Errors Calibration ［J］. IEEE Sensors Journal，2016，16 （21）：7713-7719.

［4］ HE K，SUN J，TANG X. Guided Image Filtering ［J］. IEEE Transactions on Pattern Analysis and Machine Intelligence，2013，35 （6）：1397-1409.

［5］ DENG G，CAHILL L W. An adaptive Gaussian filter for noise reduction and edge detection ［C］ // Proc IEEE Nuclear Science Symposium and Medical Imaging Conference. San Francisco，CA，1993，3：1615-1619.

［6］ YIN H，GONG Y，QIU G. Side window filtering ［C］ //Proceedings of the IEEE Conference on Computer Vision and Pattern Recognition，2019：8758-8766.

［7］ GONZALEZ R C，WOODS R E. 数字图像处理 ［M］. 3 版. 北京：电子工业出版社，2017.

［8］ 刘界鹏，周绪红，伍洲，等. 智能建造基础算法教程 ［M］. 北京：中国建筑工业出版社，2021.

［9］ 李航. 统计学习方法 ［M］. 2 版. 北京：清华大学出版社，2019.

［10］ MEAGHER，D J. Octree encoding：A new technique for the representation，manipulation and display of arbitrary 3-d objects by computer ［J］. Electrical and Systems Engineering Department Rensseiaer Polytechnic Institute Image Processing Laboratory，1980.

［11］ FISCHLER M A，BOLLES R C. Random sample consensus：a paradigm for model fitting with applications to image analysis and automated cartography ［J］. Communications of the ACM，1981，24 （6）：381-395.

［12］ DUDA RO，HART PE. Use of the Hough transformation to detect lines and curves in pictures ［J］. Communications of the ACM，1972，15 （1）：11-15.

［13］ HARRIS C，STEPHENS M. A combined corner and edge detector ［C］ // Proceedings of the 4th Alvey Vision Conference，1988：147-151.

［14］ DOUGLAS D，PEUCKER T. Algorithms for the reduction of the number of points required to represent a digitized line or its caricature ［J］. The International Journal for Geographic Information and Geovisualization. 1973，10 （2）：112-122.

［15］ HEW J. OBB generation via Principal Component Analysis ［EB/OL］. ［2022-10-08］. https：// hewjunwei. wordpress. com/2013/01/26/obb-generation-via-principal-component-analysis/

［16］ CANNY J. A Computational Approach to Edge Detection ［J］. IEEE Transactions on Pattern Analysis and Machine Intelligence，1986，8（6）：679-698.

［17］大熊背. Sobel 边缘检测算子数学原理再学习［EB/OL］.［2022-10-08］. https：//blog. csdn. net/lz0499/article/details/117826519

［18］CAO J，TAGLIASACCHI A，OLSON M，et al. Point Cloud Skeletons via Laplacian Based Contraction［C］// In Proceedings of the Shape Modeling International Conference，Aix-en-Provence，France，2010，21-23：187-197.

［19］JIN Y H，LEE W H. Fast Cylinder Shape Matching Using Random Sample Consensus in Large Scale Point Cloud［J］. Appl. Sci，2019，9：974.

［20］CHARMVE. 机器学习算法之——k 最近邻（k-Nearest Neighbor，kNN）分类算法原理讲解［EB/OL］.［2022-10-08］. https：//zhuanlan. zhihu. com/p/110913279.

［21］PELLEG D，MOORE A. Accelerating exact k-means algorithms with geometric reasoning［J］. Proceedings of the fifth ACM SIGKDD international conference on Knowledge discovery and data mining，1999：277-281.

［22］VO V A，LINH T H L，DENRE F，et al. Octree-based region growing for point cloud segmentation［J］. ISPRS Journal of photogrammetry and remote sensing，2015，104：88-100.

［23］ESTER M，KRIEGEL H P，SANDER J，et al. A density-based algorithm for discovering clusters in large spatial databases with noise［J］. KDD，1996，96（34）：226-231.

［24］SCHÖNEMANN P H，CARROLL R M. Fitting one matrix to another under choice of a central dilation and a rigid motion［J］. Psychometrika，1970，35（2）：245-255.

［25］BESL P J，MCKAY N D. Method for registration of 3-D shapes［C］//Sensor fusion Ⅳ：control paradigms and data structures. Spie，1992，1611：586-606.

［26］MELLADO N，AIGER D，MITRA N J. Super 4PCS fast global point cloud registration via smart indexing［J］. Computer Graphics Forum，2014，33（5）：205-215.

第4章 复杂高层结构智能数字化尺寸检测和预拼装

随着我国经济社会的高速发展，众多超大城市和区域中心城市都已建成或正在建设外形复杂的超高层建筑作为地标。这些复杂超高层建筑中一般都含有大型复杂钢结构，包括伸臂桁架、异形截面巨柱、巨型支撑、巨型梁等。这些大型复杂钢结构安装难度大，对尺寸精度的要求也更高，因此采用三维激光扫描技术与智能算法相结合的方法，进行尺寸检测和数字化预拼装，将对工程质量和施工效率具有很好的提升作用。本章以重庆陆海国际中心（458m）为工程背景，开展了复杂高层结构智能数字化尺寸检测和预拼装研究，提出了相关算法和技术，可为高层建筑结构的智能数字化建造技术提供参考。

4.1 复杂高层结构工程背景

重庆陆海国际中心为框架-核心筒-伸臂桁架结构体系（图 4.1-1），外框架与核心筒之间的钢梁及伸臂桁架可有效地提高结构的抗侧刚度和整体性。传统的伸臂桁架施工工艺流程（图 4.1-2）如下：工厂内按设计 BIM 模型制作外框架和伸臂桁架等钢构件，并运输至施工现场；工程现场完成核心筒和外框架的施工；起吊伸臂桁架构件并进行空中就位，若安装精度满足要求则焊接固定，否则吊回地面修整伸臂桁架构件后再次起吊安装。工程实践表明，混凝土核心筒与钢结构外框架的施工误差一般都不一致，外框架与核心筒之间的距离与设计模型常偏差很大，导致按设计 BIM 模型加工的伸臂桁架构件安装不上，从而造成人力和时间成本的显著增加。此外，本工程的伸臂桁架构件具有一定的不规则性，且混凝土核心筒的很多部位是曲面，这些因素导致传统测量方法很难全面准确地完成尺寸检

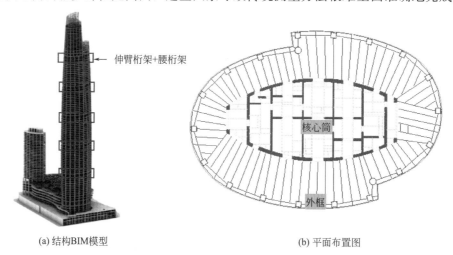

(a) 结构BIM模型   (b) 平面布置图

图 4.1-1 重庆陆海国际中心结构 BIM 模型

测，影响了工程质量和施工进度。为此，本书开展了基于三维激光扫描技术和智能算法的复杂高层结构尺寸检测和预拼装研究，包括伸臂桁架构件智能数字化尺寸检测、楼层平面布置智能数字化尺寸检测和伸臂桁架智能数字化预拼装等。

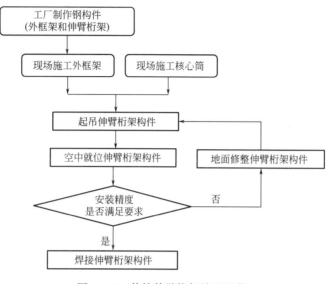

图 4.1-2　传统伸臂桁架施工工艺

4.2　伸臂桁架构件智能数字化尺寸检测

4.2.1　伸臂桁架构件点云数据获取与配准

图 4.2-1 为采用三维激光扫描仪对一个伸臂桁架中的复杂构件进行扫描的示意图。构件扫描前，应先根据生产或施工现场的实际情况并结合技术人员的专业知识，确定扫描方案，包括构件的扫描姿态、扫描站点的数量、每一站扫描的位置等。对于图 4.2-1 中的构件，确定的扫描方案为：站点数量为 4，其中两站垂直于构件长度方向，另外两站分别位于构件长度方向的两端；配准基准点采用球标靶，每站可视的球标靶数量均为 5 个。

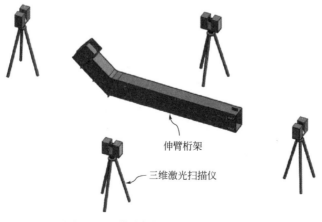

图 4.2-1　伸臂桁架构件扫描站点布置

三维激光扫描仪从不同方位获取的点云数据需要统一到同一坐标系中,其中球标靶是应用最广泛的配准基准点。本书提出了一种面向大场景的球标靶检测算法,采用粗配准和精细配准相结合的策略实现点云数据的配准,其中粗配准为精细配准提供良好的初始状态,有效地避免精细配准陷入局部最优的不利情况。具体的配准步骤包括:首先采用多球并行检测算法(3.2.6节)对点云数据进行处理,得到球标靶的球心集,见图4.2-2;然后采用基于基准点全排列配准算法(3.4.3节)对球标靶中心点集进行处理,实现点云数据的配准(图4.2-3)。所有站点的点云数据配准就是将所有站点的点云数据进行了合并,这将导致各站点重复扫描区域的点云数据过密,重复数据点过多,因此需采用采样算法(3.1.1节)对配准后的点云数据进行下采样。

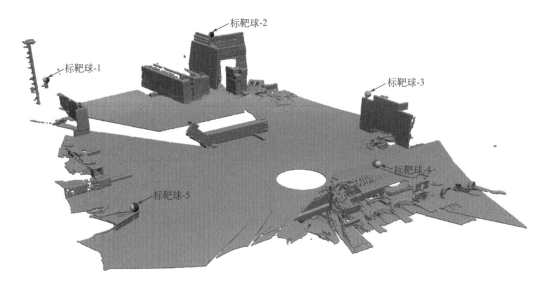

图 4.2-2 面向大场景的球标靶智能检测

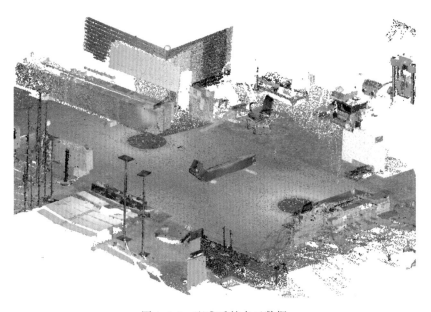

图 4.2-3 配准后的点云数据

4.2.2 伸臂桁架构件点云数据提取

完成点云数据的配准后，点云数据中包含背景点云数据和伸臂桁架构件点云数据两部分。智能数字化尺寸检测只需要伸臂桁架构件点云数据，为此需要进一步提取。以球标靶的凸包为依据，采用基于凸包的点云数据分割算法（3.3.5 节）对配准后的点云数据进行提取，得到粗提取的伸臂桁架构件点云数据，见图 4.2-4。粗提取是基于球标靶包围目标这一先验知识，高效地实现伸臂桁架构件点云数据的粗略定位。粗提取的伸臂桁架构件点云数据包含地面和枕木的点云数据，需要进一步处理。采用随机采样一致性算法（3.2.1 节）对粗提取的伸臂桁架构件点云数据进行平面点云数据检测，得到地面点云数据（图 4.2-5）；计算地面点云数据的 Z 轴坐标均值 Z_{mean}，从粗提取的伸臂桁架构件点云数据中提取 Z 轴坐标大于 $Z_{mean}+h$ 的点云数据，其中 h 为枕木的高度，从而实现伸臂桁架构件点云数据的精提取，见图 4.2-6。为克服噪点的影响，采用 Radius outlier removal 滤波器（3.1.2 节）对精提取的伸臂桁架构件点云数据进行去噪。

图 4.2-4 粗提取的伸臂桁架构件点云数据

图 4.2-5 地面点云数据的智能检测

（蓝色点为被检测出的地面点云数据）

图 4.2-6　精提取的伸臂桁架构件点云数据

4.2.3　伸臂桁架构件智能数字化尺寸检测

对于复杂的构件，数字化尺寸检测实质上是将扫描点云数据和 BIM 模型点云数据进行配准，然后根据配准结果评估构件的加工尺寸是否符合要求。采用基于侧面角点的点云数据配准算法（3.4.5 节）对伸臂桁架构件点云数据进行处理。图 4.2-7 中分别为 BIM 模型点云数据和扫描点云数据，图 4.2-8 为两种点云数据的配准结果。

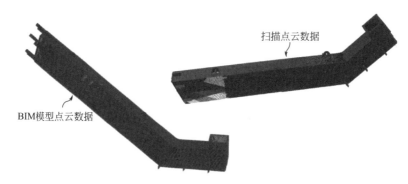

图 4.2-7　伸臂桁架构件点云数据

图 4.2-8　配准后的伸臂桁架构件点云数据
（蓝色点为 BIM 模型点云数据，红色点为扫描点云数据）

以 BIM 模型点云数据为基准，采用 kNN 算法[1] 计算扫描点云数据与基准的偏差 δ_h，将 δ_h 以彩色编码差异图进行显示，见图 4.2-9。由图中可见，此大型复杂构件的加工尺寸偏差较大，最大加工尺寸偏差达到了 ±5mm。基于彩色编码差异图，可进一步根据相关标准对构件的尺寸质量进行评估。

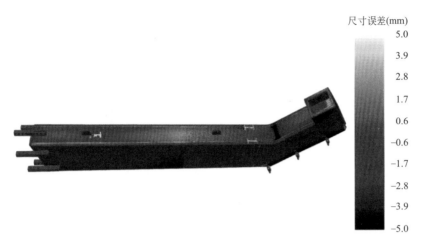

图 4.2-9　伸臂桁架构件的数字化尺寸检测结果

4.3　楼层平面布置智能数字化尺寸检测

4.3.1　楼层点云数据获取与配准

三维激光扫描仪站点的布置一般依赖于专业人员的知识、经验以及现场情况。对于大型复杂的扫描目标，人工制定的扫描方案一般难以兼顾目标点云数据的完整性，扫描时间也可能过长。针对复杂高层结构的扫描，需要开展扫描楼层的扫描方案智能优化。楼层扫描方案主要包括三维激光扫描仪站点的布置（最优扫描站点集）、扫描路径（扫描顺序）以及球标靶布置三个方面。确定最优的扫描方案，就能够达到以最少扫描站点获取完整目标点云数据的目的。仍以重庆陆海国际中心为例，介绍复杂高层结构的楼层扫描方案智能优化的具体步骤。

1. 数据提取

采用 CAD 二次开发技术，将楼层平面布置图（图 4.3-1）中的已施工完成楼板离散为候选扫描站点集，同时将外框柱和核心筒离散为等长度的线段集（目标集），每条线段的长度为 10mm；候选扫描站点集和目标集见图 4.3-2。

2. 可视性分析

可视性分析用于确定当前扫描站点下，哪些目标能够被扫描到；本工程中，目标是外框柱与核心筒，则某一站点的可视性分析就是要确定此站点能够扫描到外框柱与核心筒的哪些部分。对于楼层扫描，可视性分析需考虑扫描距离、扫描角度和遮挡三个因素。扫描距离是指三维激光扫描仪能够高精度地识别球标靶的最远距离，Faro S150 扫描仪采用 1/4 角分辨率时的扫描距离宜取值 15m。扫描角度是指三维激光扫描仪发出的射线与目标表面的法向量之间的夹角，一般应限制在 60°以内，以保证扫描点云数据的质量。图 4.3-3 给出了某个候选扫描站点的可视性分析过程。

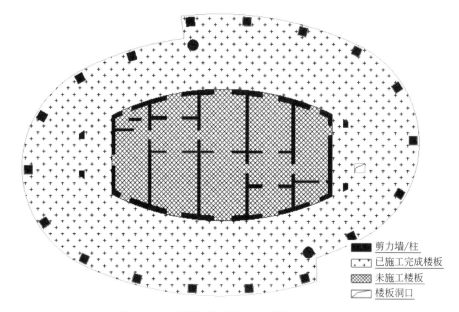

图 4.3-1 重庆陆海国际中心楼层平面布置图

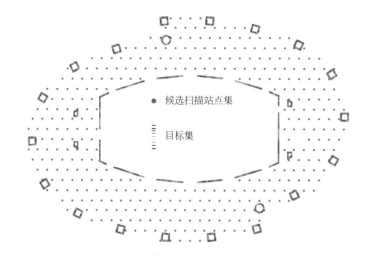

图 4.3-2 候选扫描站点集和目标集

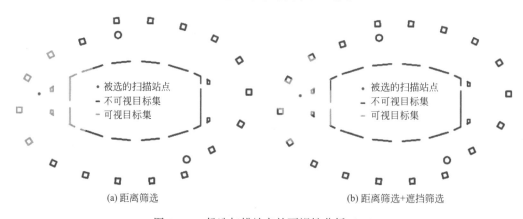

图 4.3-3 候选扫描站点的可视性分析（一）

(c) 距离筛选+遮挡筛选+角度筛选

图 4.3-3　候选扫描站点的可视性分析（二）

3. 最优扫描站点集

为得到最优扫描站点集，需要考虑扫描站点的全部排列组合，这是一个 NP 困难问题。为此，采用带权值的贪心算法[2] 搜寻最优扫描站点集，具体步骤如下：

（1）根据可视性分析，可确定候选扫描站点 S_i 对目标 T_j 的可视性指标 V_{ij}：

$$V_{ij} = \{0, 1\} \tag{4.3-1}$$

上式中，V_{ij} 取值为 0，表示目标 T_j 被候选扫描站点 S_i 可视；V_{ij} 取值为 1，表示目标 T_j 不能被候选扫描站点 S_i 可视；S_i 是候选扫描站点集 $\{S\}$ 中的第 i 个元素；T_j 是目标集 $\{T\}$ 中的第 j 个元素。

（2）根据可视性指标 V_{ij}，计算 T_j 的权重系数 w_j：

$$w_j = \frac{1}{\sum_i V_{ij}} \tag{4.3-2}$$

（3）根据可视性指标 V_{ij} 和目标的权重系数 w_j，计算 S_i 的权重系数 W_i：

$$W_i = \sum_j w_j V_{ij} \tag{4.3-3}$$

（4）W_i 越大表明对应的 S_i 越重要，故选取最大的 W_i 对应的 S_i 作为当前最优扫描站点。

（5）剔除 S_i 及其可视的目标。

（6）可采用两种不同策略搜寻剩余的最优扫描站点（图 4.3-4）。

第一种策略（Global Optimization）是重复步骤（1）～（5），直至满足终止条件；然后采用蚁群算法[3] 对得到的最优扫描站点集进行处理，得到扫描路径；遍历相邻扫描站点的间距，若相邻扫描站点的间距超过预设阈值（S_{limt}）则增加中间扫描站点（中点左右）。第二种策略（Next-best）是对当前最优扫描站点的 S_{limt} 内候选扫描站点集重复步骤（1）～（5），直至满足终止条件。S_{limt} 宜取 1.5 倍的扫描距离以确保球标靶有足够的布置空间。为兼顾目标点云数据的完整性和扫描工作效率，80% 的目标覆盖率作为终止条件。

两种策略寻找到的最优扫描站点集见图 4.3-5，从图中可以看出，第一种策略增加了过多的中间扫描站点，最优扫描站点集的数量大幅度增加；因此推荐采用第二种策略确定楼层的最优扫描方案。

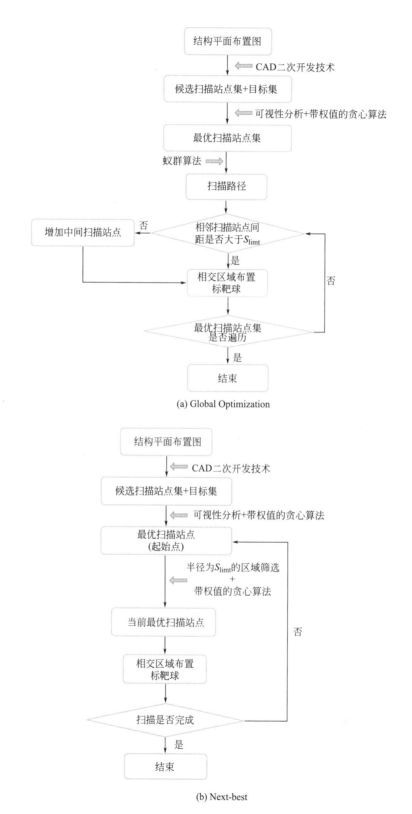

(a) Global Optimization

(b) Next-best

图 4.3-4　扫描方案智能优化流程图

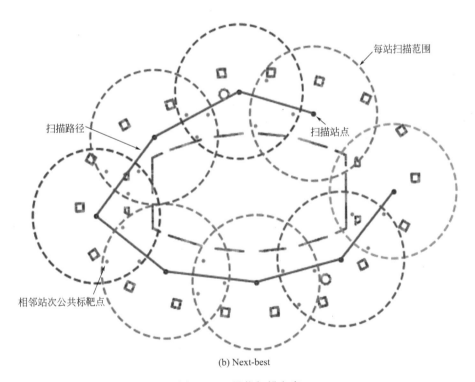

(a) Global Optimization

(b) Next-best

图 4.3-5　最优扫描方案

4. 球标靶布置

相邻扫描站点的点云数据通常需要 3 个非共线的球标靶进行配准。球标靶应尽量离散地布置在相邻扫描站点的可视区域交集内（Ω），这要求从 Ω 中选取使分布因子 $\kappa(S_t)$ 最小的三个点作为球标靶的布置点，分布因子 $\kappa(S_t)$ 的数学表达为：

$$\kappa(\boldsymbol{S}_t) = \frac{\mathrm{Cond}(\mathrm{Cov}(\boldsymbol{S}_t))}{S_{s_t}} \quad \boldsymbol{S}_t \in \boldsymbol{\Omega} \tag{4.3-4}$$

上式中，$\boldsymbol{S}_t$ 为球标靶的坐标矩阵，Cov 表示矩阵的协方差，Cond 表示矩阵的条件数，S_{s_t} 表示球标靶围成的面积。球标靶的布置见图 4.3-5，从图可以看出，采用最小 $\kappa(\boldsymbol{S}_t)$ 的方法可以保证球标靶离散地布置在相邻扫描站点的可视区域交集内。

本工程的最优楼层扫描方案见图 4.3-5（b），包括三维激光扫描仪站点的布置、扫描路径以及球标靶布置。按图 4.3-5（b）对楼层进行扫描，某个点云数据获取的场景见图 4.3-6。各扫描站点获取的楼层点云数据配准过程参考 4.2.1 节，配准结果见图 4.3-7，可见得到了一个完整的楼层点云图。

图 4.3-6　三维激光扫描仪获取点云数据的场景图

图 4.3-7　配准后的点云数据

4.3.2　楼层组件点云数据提取

由图 4.3-7 可知，配准后的点云数据包括钢梁、施工工具、防护网、外围护栏、泵管等噪点。为了进行楼层平面布置智能数字化尺寸检测，需要提取框架、核心筒、楼层顶面和楼层地面等目标点云数据，具体步骤如下：

（1）以点云数据的 Z 轴坐标为变量，采用 k-均值算法[4] 对点云数据进行粗分割，粗分割流程为：首先遍历点云数据的 Z 轴坐标，得到 Z 轴坐标的最大值（$Z_{\max}$）和最小值（$Z_{\min}$）；然后设定 3 个簇中心，Z 轴坐标分别为 $Z_{\max}$、（$Z_{\max} + Z_{\min}$）/2、$Z_{\min}$；逐个计算每个点与 3 个簇中心之间的距离；最后逐个将每个点划分到距离最近的簇中心，从而完成粗分割，见图 4.3-8。

（2）粗分割得到的楼层地面点云数据常常包括施工工具、外围护栏以及泵管等引起的噪点，粗分割得到的楼层顶面点云数据常常包括钢梁和防护网等引起的噪点；可采用随机采样一致性算法分别提取楼层地面和顶面的点云数据，提取结果见图 4.3-9，可见楼层地面和顶面的点云数据被有效提取了出来。

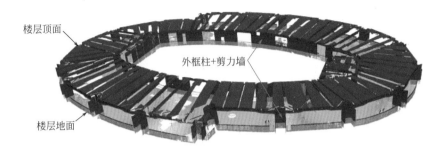

图 4.3-8　点云数据的粗分割

(a) 楼层地面-红色部分　　　　　　　　　　(b) 楼层顶面-红色部分

图 4.3-9　楼层地面和顶面点云数据的提取

4.3.3　外框柱和核心筒点云数据分割与识别

为了实现楼层平面布置的尺寸检测，需要对外框柱与核心筒的平面点云数据进行分割与识别。由于扫描场地的限制，扫描人员无法获取到框架柱的完整点云数据，这对框架柱的识别带来了困难。此外，施工工具、外围护栏以及泵管等背景噪点也加大了外框柱与核心筒点云数据分割的难度。考虑到设计 BIM 模型点云数据具有完整性好、点云质量高且带有构件属性信息等优点，本书提出基于设计 BIM 模型的建筑构部件分割与识别方法，具体步骤如下：

（1）预设距离阈值。

（2）采用密度聚类算法对设计 BIM 模型点云数据进行分割。

（3）采用快速四点一致集算法[5] 对扫描点云数据与设计 BIM 模型点云数据进行配准。

（4）基于分割和配准后的设计 BIM 模型点云数据，采用最近邻算法对扫描点云数据进行分割与识别，计算扫描点云数据的每一个点与设计模型点云数据的最小距离（d_{min}）。若 d_{min} 小于预设的距离阈值，则提取并标记当前点。

基于设计 BIM 模型的建筑构部件分割与识别过程见图 4.3-10～图 4.3-12。图 4.3-10 为采用密度聚类（DBSCAN）算法分割设计 BIM 模型点云数据的结果：外框柱采用 1-x 进行标注，剪力墙采用 2-x 进行标注，x 表示构件的编号。从图 4.3-10 可以看出，外框柱与剪力墙均被正确地分割。图 4.3-11 为采用快速四点一致集算法配准设计 BIM 模型点云数据和扫描点云数据的结果，从图可以看出，设计 BIM 模型点云数据和扫描点云数据重合度较高。图 4.3-12 为基于最近邻算法的扫描点云数据分割与识别结果，扫描点云数据被分割为外框柱（1-x）、剪力墙（2-x）和噪点（3）三类；可见，采用基于设计 BIM 模型的建筑构部件分割与识别方法可有效地克服噪点的影响，分割与识别的正确率达 100%。

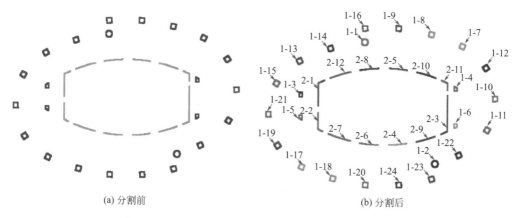

(a) 分割前　　　　　　　　　　　　(b) 分割后

图 4.3-10　DBSCAN 算法分割设计模型点云数据的结果

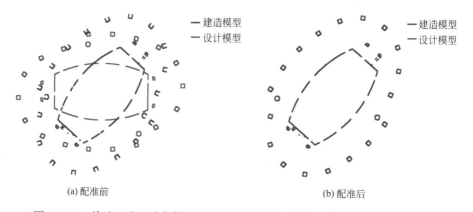

(a) 配准前　　　　　　　　　　　　(b) 配准后

图 4.3-11　快速四点一致集算法配准设计模型点云数据和建造模型点云数据的结果

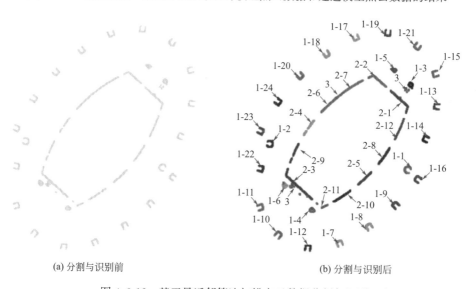

(a) 分割与识别前　　　　　　　　　(b) 分割与识别后

图 4.3-12　基于最近邻算法扫描点云数据分割与识别

4.3.4　楼层平面智能数字化尺寸检测

将标高为 H_m 的外框柱和剪力墙平面点云数据与设计 BIM 模型点云数据通过快速四点一致集算法实现粗匹配，进而通过迭代最近邻算法（ICP）实现精匹配。由于本工程存在斜柱，为了准确地评估斜柱的偏差，设计 BIM 模型中的柱中心坐标 $(x_m,\ y_m)$ 由本楼层的柱顶和柱底（图 4.3-13）中心坐标插值得到，具体计算公式为：

$$x_m = x_d + \frac{H_m - H_d}{H_t + t - H_d} \times (x_t - x_d) \tag{4.3-5}$$

$$y_m = y_d + \frac{H_m - H_d}{H_t + t - H_d} \times (y_t - y_d) \tag{4.3-6}$$

上式中，$(x_t,\ y_t)$ 和 $(x_d,\ y_d)$ 分别为本楼层的柱顶和柱底中心坐标；t 为楼板厚度；H_t 为楼层顶面点云数据的 Z 轴坐标均值；H_d 为楼层地面点云数据的 Z 轴坐标均值；各符号具体含义见图 4.3-13。

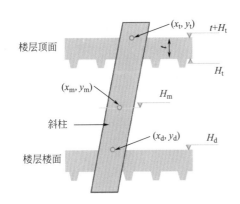

图 4.3-13　斜柱点云数据

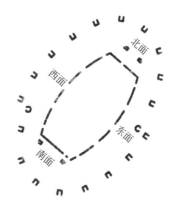

图 4.3-14　框架-核心筒结构尺寸

以设计 BIM 模型点云数据为基准，采用最近邻算法计算扫描点云数据与基准的偏差 δ_h，δ_h 以彩色编码差异图进行显示。图 4.3-14 为本工程第 41 层平面布置尺寸偏差的彩色编码图。采用多个楼层点云数据对提出的尺寸检测综合算法进行测试。通常，采用查准率 PR 和查全率 RR 来度量算法的性能，定义如下：

$$PR = \frac{TP}{TP + FP} \tag{4.3-7}$$

$$RR = \frac{TP}{TP + FN} \tag{4.3-8}$$

上式中，TP 表示真正例的数量，真正例是判断为正例（P），判断是正确的（T）；FP 表示假正例的数量，假正例是指判断为正例（P），判断是错误的（F）；FN 表示假反例的数量，假反例是指判断为负例（N），判断是错误的（F）。表 4.3-1 为各楼层的 TP、FP 及 FN 结果，可见各楼层的剪力墙和外框柱的查准率和查全率均为 100%。由此可见，本书提出的复杂高层结构楼层平面布置尺寸检测综合算法具有良好的鲁棒性和准确性。

算法性能 表 4.3-1

楼层编号	剪力墙			柱		
	TP	FP	FN	TP	FP	FN
L41	12	0	0	24	0	0
L42	12	0	0	24	0	0
L43	12	0	0	24	0	0
L44	12	0	0	24	0	0
L45	12	0	0	24	0	0

测量人员采用传统检测方法完成一层楼的尺寸检测所需要时间为 1 天，且测量精度高度依赖于测量人员的水平，而测量点仅为结构的关键点，楼层平面布置尺寸偏差无法被全覆盖。智能数字化尺寸检测技术不依赖测量人员的专业知识，可以全覆盖地对复杂楼层进行精准测量，所需时间仅为 2 小时。可见，基于三维激光扫描技术和智能算法的楼层平面布置尺寸检测综合方法高效、精准、实用，具有良好的推广价值。

4.4 伸臂桁架智能数字化预拼装

外框架与核心筒之间的距离与设计模型常偏差很大，导致按设计 BIM 模型加工的伸臂桁架安装不上，不得不再将构件吊放到地面进行修整；可见伸臂桁架的传统施工工艺面临着效率低、工期耽误严重、综合成本高等问题。为此，本书开展伸臂桁架智能数字化预拼装研究，数字化预拼装结果可以有效地指导伸臂桁架构件起吊前的修整工作，可显著地节约人力和时间成本。

4.4.1 杆件及其对接口点云数据获取与配准

用于智能数字化预拼装的点云数据需包括伸臂桁架构件和伸臂桁架对接口两部分，伸臂桁架构件点云数据的获取参考 4.2 节。注意，4.3 节获取的点云数据仅包含外框柱和核心筒（图 4.3-8），不包含伸臂桁架对接口的点云数据。根据施工现场的实际情况和数据获取人员的专业知识，伸臂桁架对接口的扫描站点数量设为 2，每站可视的球标靶数量均为

图 4.4-1　三维激光扫描仪获取点云数据的场景图

3 个。图 4.4-1 为获取伸臂桁架对接口点云数据的场景图。各扫描站点获取的点云数据配准过程参考 4.2.1 节，配准结果见图 4.4-2，配准结果能够满足要求。

图 4.4-2　配准后的点云数据

4.4.2　伸臂桁架对接口点云数据提取

超高层结构的伸臂桁架层施工现场复杂，扫描得到的点云数据噪点极多（图 4.4-2），而伸臂桁架对接口点云数据与背景点云数据的区分度很低。针对这种工况，目前尚无可靠的算法可以全自动化地提取出目标点云数据。为此，提出一种半自动化的点云数据分割方法，具体步骤如下：

（1）分别从 BIM 模型点云数据和扫描点云数据中人工选取三个配准基准点，见图 4.4-3；

（a）扫描点云数据

图 4.4-3　配准基准点的选取（一）

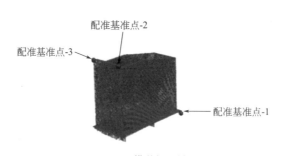

(b) BIM模型点云数据

图 4.4-3　配准基准点的选取（二）

（2）基于人工选取的配准基准点，采用基准点全排列配准算法（3.4.3节）实现点云数据的配准，见图4.4-4；

（3）遍历 BIM 模型点云数据每一个点，采用 kNN 算法[1] 从扫描点云数据提取邻域点，从而最终实现伸臂桁架对接口扫描点云数据的半自动化提取，见图4.4-5。

图 4.4-4　BIM 模型点云数据和扫描点云数据的配准
（红色点为扫描点云数据，蓝色点为 BIM 模型点云数据）

图 4.4-5 伸臂桁架对接口扫描点云数据的提取

4.4.3 伸臂桁架拼接控制点检测

伸臂桁架智能数字化预拼装中，需检查桁架对接口是否满足要求。若对接口间隙过大，则需要对尚未起吊的伸臂桁架构件进行接长修整；若对接口存在重叠量，则需要对尚未起吊的伸臂桁架构件进行切短修整。为了降低伸臂桁架数字化预拼装的难度，采用侧面点云数据代替完整点云数据进行数字化预拼装。伸臂桁架侧面拼接控制点检测的具体步骤如下：

（1）采用随机采样一致性算法提取伸臂桁架和伸臂桁架对接口的侧面点云数据，结果见图 4.4-6；

（2）采用 PCA 算法[4] 对侧面点云数据进行降维处理，得到平面点云数据；

（3）将平面点云数据进行二值图像化，对二值化图像进行开运算以减少图像斑点，结果见图 4.4-7 和图 4.4-8；

（4）采用 Harris 算法[6] 对二值化图像进行检测，得到图像角点集，结果见图 4.4-9（a）和图 4.4-10（a）；

（5）基于 2.2.2 节方法检测出的伸臂桁架焊缝角点，采用最近邻算法对步骤（4）得到的角点集进行筛选，从而完成拼接控制点检测，结果见图 4.4-9（b）和图 4.4-10（b），可见控制点基本都被检测出。

4.4.4 伸臂桁架智能数字化预拼装

对于有设计 BIM 模型的工程结构，数字化预拼装的核心工作是对各构件拼接控制点

图 4.4-6　伸臂桁架构件和伸臂桁架对接口的侧面点云数据
（红色点为被检测出的平面点云数据）

(a) 二值图像化　　　　　　　　　　　　　　(b) 开运算

图 4.4-7　二值图像化和开运算-伸臂桁架构件

(a) 二值图像化　　　　　　　　　　　　　　(b) 开运算

图 4.4-8　二值图像化和开运算-伸臂桁架对接口

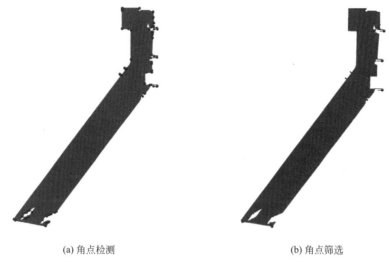

(a) 角点检测　　　　　　　　　　　　　　　　(b) 角点筛选

图 4.4-9　拼接控制点的检测-伸臂桁架

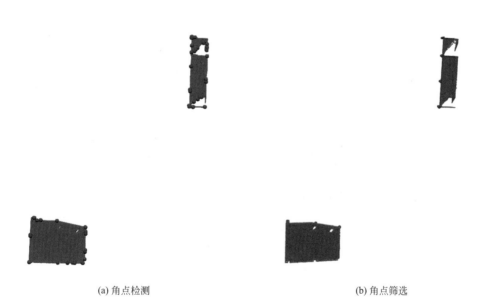

(a) 角点检测　　　　　　　　　　　　　　　　(b) 角点筛选

图 4.4-10　拼接控制点的检测-伸臂桁架对接口

的真实值与理论值进行最优匹配。对于伸臂桁架，伸臂桁架偏离理论值对后续的施工影响较小，基本不影响后续的构部件安装，因此伸臂桁架可按最优姿态施工以确保拼接误差最小。针对伸臂桁架的拼接控制点，采用 kNN 算法[1] 确定拼接控制点的对应关系。采用普氏分析算法进行数字化预拼装，确定伸臂桁架的最优姿态。数字化预拼装结果包括预拼装后伸臂桁架的点云数据和拼接控制点偏差，见图 4.4-11，从图中可以看出，本例的拼接控制点间隙为 3cm 左右，伸臂桁架可以直接起吊而无需修整。实体拼装后的伸臂桁架见图 4.4-12，安装误差均在可控范围内，满足施工要求。

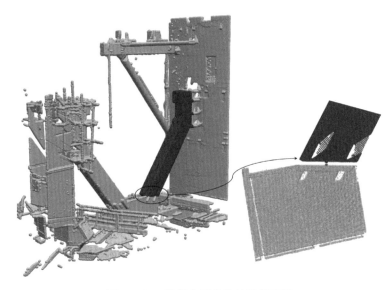

图 4.4-11　数字化预拼装的伸臂桁架

图 4.4-12　实体拼装的伸臂桁架

4.5　小结

　　以重庆陆海国际中心为工程背景，介绍了基于三维激光扫描技术和智能算法的复杂高层钢结构尺寸检测和预拼装方法，具体包括点云数据获取、扫描点云数据配准、目标点云数据提取、目标点云数据分割与识别、拼接控制点检测、数字化尺寸检测、数字化预拼装等。研究结果表明，基于三维激光扫描技术和智能算法的复杂高层结构尺寸检测和预拼装研究方法高效、精准且实用，为同类型建筑的尺寸检测和预拼装提供了良好的参考案例和算法基础。

　　在未来的工程应用中，可借助智能数字化预拼装技术重塑伸臂桁架施工工艺（图 4.5-

1），具体如下：（1）工厂内按设计 BIM 模型制作外框架；（2）工程现场完成核心筒和外框架的施工；（3）采用三维激光扫描技术获取伸臂桁架对接口点云数据，进而调整伸臂桁架构件 BIM 模型；（4）工厂内按调整后的 BIM 模型制作伸臂桁架构件；（5）对伸臂桁架构件进行智能数字化尺寸检测，进而开展伸臂桁架构件智能化预拼装，根据预拼装结果在工厂内修整伸臂桁架构件，直至满足安装精度；（6）最后将伸臂桁架构件运输现场直接安装。

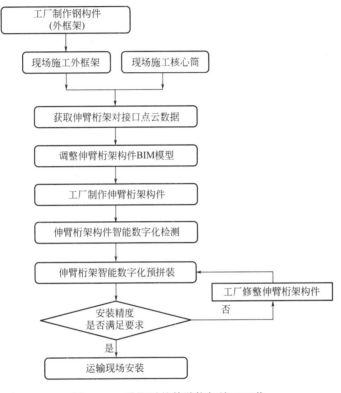

图 4.5-1　重塑后的伸臂桁架施工工艺

参考文献

［1］ HASTIE T，TIBSHIRANI R. Discriminant adaptive nearest neighbor classification and regression ［C］//Advances in Neural Information Processing Systems，1996：409-415.

［2］ VINCE A. A framework for the greedy algorithm ［J］. Discrete Applied Mathematics，2002，121（1-3）：247-260.

［3］ DORIGO M，BIRATTARI M，STUTZLE T. Ant colony optimization ［J］. IEEE Computational Intelligence Magazine，2006，1（4）：28-39.

［4］ 刘界鹏，周绪红，伍洲，等. 智能建造基础算法教程 ［M］. 北京：中国建筑工业出版社，2021.

［5］ MELLADO N，AIGER D，MITRA N J. Super 4PCS fast global point cloud registration via smart indexing ［J］. Computer Graphics Forum，2014，33（5）：205-215.

［6］ HARRIS C，STEPHENS M. A combined corner and edge detector ［C］//Alvey vision conference，1988，15（50）：10-5244.

第5章 焊接复杂桥梁结构智能
数字化尺寸检测和预拼装

随着社会经济的发展和人民生活水平的提高，人们对桥梁的外观美学要求日渐提高，并要求桥梁外观与周围环境相融合，而不能仅满足交通功能需求。随着桥梁外观的多样化，桥梁结构的外形也逐渐趋于复杂，尤其是城市桥梁。复杂造型钢结构桥梁中常存在很多变截面构件或空间扭曲构件，这些构件一般需进行现场焊接连接。这些复杂造型钢结构桥梁的构件，采用传统的检测技术很难精准地测得完整尺寸信息，因此一般需要先实体预拼装，工作量大，工期长，成本高。即使进行了实体预拼装，由于现场施工过程中的误差往往很大，可能导致安装困难或施工尺寸质量不满足要求。以复杂钢拱桥施工为例，常发生现场施工尺寸偏差过大而导致合龙段安装不上的情况。采用智能数字化尺寸检测和预拼装技术，可以解决复杂焊接钢结构桥梁的上述问题，可见这项技术具有良好的推广价值。

5.1 焊接复杂桥梁工程背景

重庆两江新区寨子路钢拱桥（图 5.1-1）为中承式双跨内倾提篮拱桥，由一个大拱桥和一个小拱桥共同组成，每个拱桥中都包含两个内倾拱。大拱的跨度和高度分别为 205m 和 104m，小拱的跨度和高度分别为 131m 和 71m。拱桥的上部结构包括拱肋、拱间横梁、吊杆以及桥跨结构；拱肋为空间扭曲构件，由弯扭形的平行四边形截面钢箱节段拼接而成；拱间横梁由平行四边形截面的钢箱节段拼接而成，并通过拱肋上的牛腿与两侧拱肋进行连接。小拱采用全支架法进行施工，施工场景见图 5.1-2，小拱拱肋施工工艺流程（图 5.1-3）为：(1) 工厂按设计 BIM 模型制作拱肋节段；(2) 工程现场搭设支架；(3) 依次吊装拱肋节段，

图 5.1-1　重庆寨子路钢拱桥

若安装精度满足要求则焊接固定，否则吊装回地面修整拱肋节段后再次起吊安装。大拱采用支架法和提升法进行施工，施工场景见图 5.1-4；大拱拱肋施工工艺流程（图 5.1-5）为：（1）工厂按设计 BIM 模型制作拱肋节段；（2）工程现场搭设支架；（3）完成非提升段拱肋和提升段拱肋的安装；（4）采用提升法就位提升段拱肋；（5）工程现场测量非提升段拱肋与提升段拱肋的间隙，根据测量的间隙现场配切合龙段，最后完成合龙段的安装。

图 5.1-2　小拱施工场景图

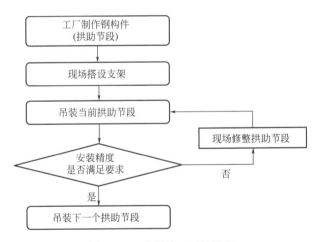

图 5.1-3　小拱施工工艺流程

图 5.1-4　大拱施工场景图

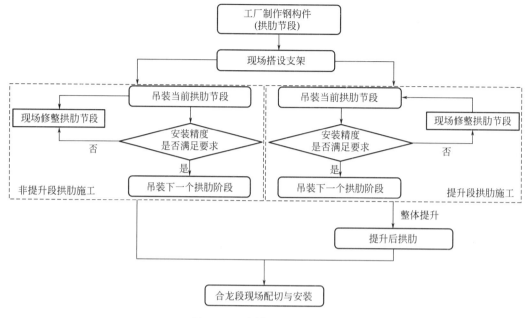

图 5.1-5　大拱施工工艺流程

　　本工程钢拱桥是典型的焊接复杂桥梁结构，传统测量方法很难全面准确地完成拱肋的尺寸检测和拼接控制点的定位。结合本工程的需求，本章开展了基于三维激光扫描技术和智能算法的焊接复杂桥梁结构尺寸检测和预拼装研究，包括拱肋智能数字化尺寸检测和预拼装、拱肋牛腿-拱间横梁节段智能数字化预拼装、拱肋节段-拱肋节段智能数字化预拼装技术等。

5.2　拱肋智能数字化尺寸检测和预拼装

5.2.1　拱肋点云数据获取与配准

　　大拱拱肋由非提升段拱肋和提升段拱肋两大部分组成（图 5.1-4）。本章针对竣工后的非提升段拱肋和提升段拱肋进行智能数字化尺寸检测，同时开展合龙前的大拱拱肋智能数字化预拼装。根据施工现场的实际情况和技术人员的专业知识，设定的扫描站点数量为10，各扫描站点分布见图 5.2-1。配准基准点采用球标靶，每站可视的球标靶数量均为6个。各扫描站点获取的点云数据配准过程参考 4.2.1 节，配准结果见图 5.2-2；配准结果满足要求。

5.2.2　拱肋点云数据提取

　　如图 5.2-2 所示，施工现场环境复杂，拱肋点云数据被大量的脚手架、起吊设备等点云数据包围。目前，尚无可靠的算法可以全自动化地提取出目标点云数据。此处采用4.4.2 节所提出的半自动化点云数据分割方法对配准后的点云数据进行处理，实现拱肋点云数据的提取，见图 5.2-3，可见拱肋点云数据被有效地提取出。

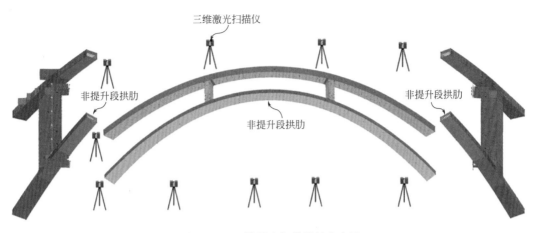

图 5.2-1 三维激光扫描仪站点布置

图 5.2-2 配准后的点云数据

(a) 非提升段   (b) 提升段

图 5.2-3 拱肋点云数据

5.2.3 拱肋数字化尺寸检测

本工程需针对大拱进行数字化尺寸检测，包括拱肋尺寸检测和拱肋提升变形检测两个环节。数字化尺寸检测之前，采用 Radius outlier removal 滤波器对扫描点云数据进行处理。

1. 拱肋尺寸检测

经过 5.2.2 节的处理，BIM 模型点云数据和扫描点云数据可实现粗配准，进而可进一步采用迭代最近邻算法实现 BIM 模型点云数据和扫描点云数据的精配准。以 BIM 模型点云数据为基准，采用 kNN 算法计算扫描点云数据与基准的偏差 δ_h，δ_h 以彩色编码差异图进行显示，见图 5.2-4；由图中可见，本工程大拱拱肋的尺寸偏差范围为 -20mm 到 $+20\text{mm}$。

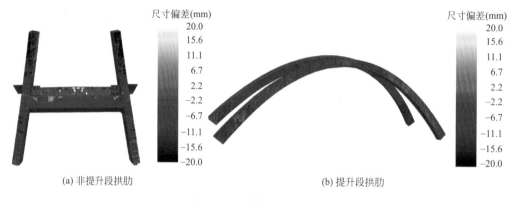

(a) 非提升段拱肋　　　　　　　　　　　　　(b) 提升段拱肋

图 5.2-4　拱肋的尺寸检测

2. 拱肋提升变形检测

由于陆地式三维激光扫描仪仅能对拱肋的底面进行全覆盖地扫描，因此采用拱肋底面的点云数据进行提升变形检测。为了提取拱肋底面的点云数据，需要对提升段拱肋点云数据进行分割，具体步骤如下：

（1）为了加快分割的速度，采用八叉树算法（3.1.5 节）对提升段拱肋点云数据进行结构化，结果见图 5.2-5。

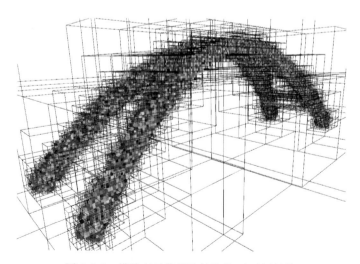

图 5.2-5　拱肋点云数据的结构化-八叉树结构

（2）采用区域增长算法[1]（3.3.3节）对提升段拱肋点云数据进行分割，数量最多的一簇点云数据为粗提取的拱肋底面（图5.2-6a）。

（3）合并与拱肋底面法向量接近的其他簇点云数据，得到精细提取的拱肋底面点云数据（图5.2-6b）。

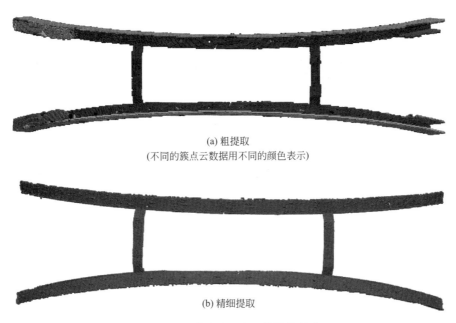

(a) 粗提取
(不同的簇点云数据用不同的颜色表示)

(b) 精细提取

图 5.2-6 拱肋底面点云数据的提取

拱肋提升变形检测的关键是对提升前后的拱肋点云数据进行非刚性配准；非刚性配准是同一个物体在变形前和变形后的点云数据配准，非刚性配准的目的就是进行提升变形检测。由于提升段拱肋具有良好的对称性，可对称布置提升吊点并且采用液压提升技术，使得提升具有良好的同步性，所以拱肋提升变形属于以拱肋中心为对称点的一阶模态（图5.2-7）。因此，拱肋点云数据的非刚性配准可转化为拱肋中间段点云数据的刚性配准。拱肋提升变形检测的步骤如下：

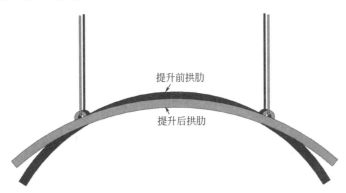

提升前拱肋

提升后拱肋

图 5.2-7 拱肋提升变形的示意图

（1）寻找提升前和提升后拱肋底面点云数据的最高点，统一最高点的 Z 轴坐标，实现拱肋点云数据的竖向配准；

（2）计算拱肋底面数据沿长轴方向的两侧端点，并将拱肋底面数据等分成 15 段
（图 5.2-8），采用迭代最近邻算法对中间段的点云数据进行配准。

以提升前的拱肋底面点云数据为基准，采用 kNN 算法计算提升后的拱肋底面点云数据与基准的偏差 δ_h，δ_h 以彩色编码差异图进行显示，见图 5.2-9；由图中可见：（1）拱肋变形两端大中间小，属于一阶模态；（2）最大提升变形量约为 100mm。

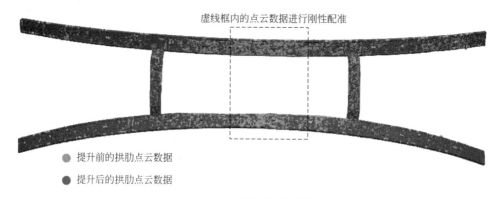

图 5.2-8　拱肋非刚性配准

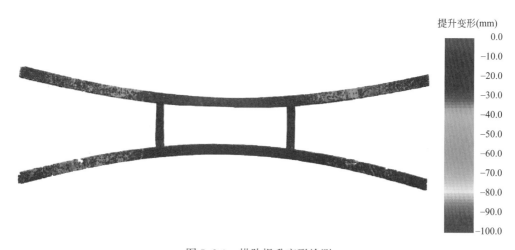

图 5.2-9　拱肋提升变形检测

5.2.4　拱肋智能数字化预拼装

对于焊接复杂桥梁结构，构部件尺寸偏差、安装偏差、结构变形等因素常常导致已加工完成的合龙段无法顺利安装。本工程施工中，大拱的拱肋合龙顺序为：（1）采用液压同步提升技术将提升段拱肋进行就位；（2）采用全站仪或现场拉绳法对就位后的提升段拱肋与非提升段拱肋间距进行测量；（3）根据现场实际测量结果，对按设计加工的合龙段（为拱肋的一个小段）进行现场配切；（4）提升配切后的合龙段，实现拱肋的顺利合龙。为了缩短大拱拱肋的合龙工期，可对大拱拱肋进行数字化预拼装，提前获得合龙段的配切尺寸，实现边提升边配切的目标。

对于有设计 BIM 模型的工程结构，数字化预拼装的核心工作是对各构件拼接控制点

的真实值（实测值）与理论值（设计值）进行最优匹配。拱肋偏离理论值对后续的施工影响较大，因此拱肋要尽可能地接近理论值以确定后续施工的顺利。经过 5.2.3 节的处理，大拱拱肋的位置已经最大程度地接近理论值，实现了大拱拱肋的数字化预拼装。如图 5.2-10 所示，大拱拱肋节段之间存在重叠区域，合龙段提升前需进行配切。为了确定合龙段的配切量，需要检测出拼接控制点。考虑到拱肋底面的点云数据质量高，只检测与拱肋底面有关的拼接控制点，具体步骤如下：

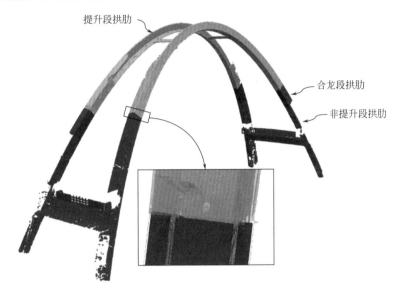

图 5.2-10　大拱拱肋数字化预拼装

（1）采用 2.2.2 节的方法对施工方提供的大拱拱肋 BIM 模型进行处理，得到合龙段的焊缝角点集，结果见图 5.2-11；

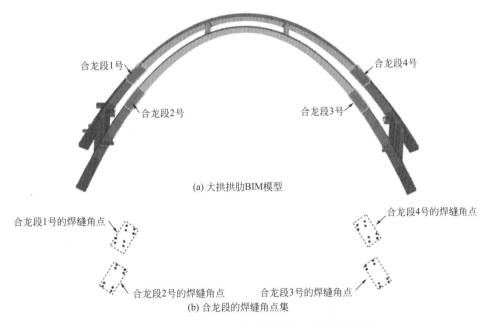

图 5.2-11　基于 BIM 二次开发技术的焊缝角点提取

（2）遍历焊缝角点集，采用 kNN 算法提取从拱肋底面点云数据中提取焊缝角点的邻域点云数据，结果见图 5.2-12；

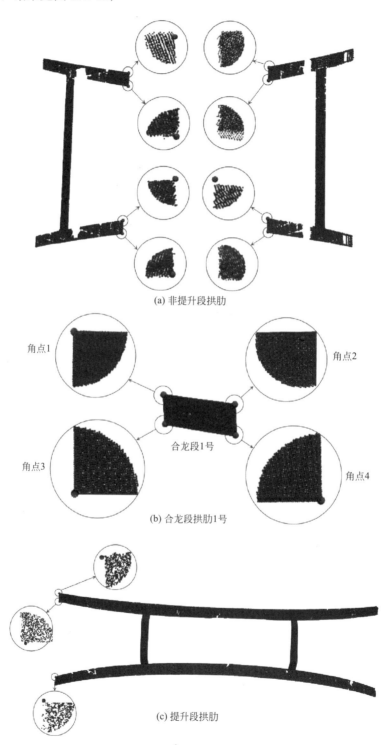

(a) 非提升段拱肋

角点1   角点2

合龙段1号

角点3   角点4

(b) 合龙段拱肋1号

(c) 提升段拱肋

图 5.2-12　焊接角点的邻域点云数据（红圈内的点云数据）

（3）针对每一簇邻域点云数据，采用 PCA 算法[2] 对提取的点云数据进行降维处理；对降维后的点云数据进行二值图像化；对二值化图像进行开运算；采用 Canny 算法[3] 对二值化图像进行边缘检测，从而间接地实现边缘点云数据的检测，结果见图 5.2-13；

（4）采用霍夫变换算法对边缘点进行直线检测，直线交点即为拱肋的拼接控制点。

表 5.2-1 给出了合龙段的配切量，图 5.2-14 为合龙后的大拱拱肋照片，可见较好地实现了大拱的合龙。

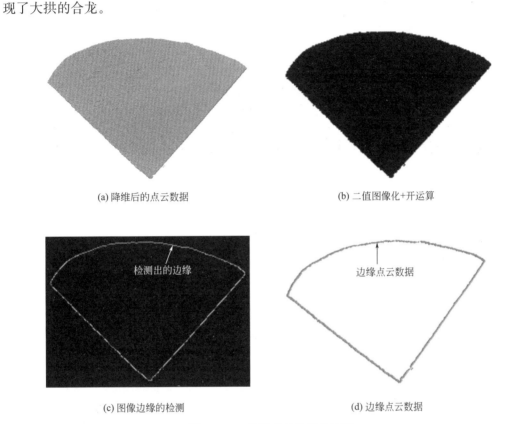

(a) 降维后的点云数据

(b) 二值图像化+开运算

(c) 图像边缘的检测

(d) 边缘点云数据

图 5.2-13　边缘点云数据的检测

合龙段的配切量　　　　　　　　　　　表 5.2-1

合龙段编号	配切量(mm)			
	角点 1	角点 2	角点 3	角点 4
1 号	120	84	89	98
2 号	69	64	66	—
3 号	—	7	—	31.7
4 号	—	35	—	40

注："—"表示角点邻域点云数据质量差导致拼接控制点检测失败。

图 5.2-14 合龙后的大拱拱肋

5.3 拱肋牛腿-拱间横梁智能数字化预拼装

5.3.1 拱肋牛腿与拱间横梁点云数据获取

大型复杂钢构件通常直接摆放在施工现场的地面上,导致完整点云数据的获取难度大。可采用局部点云数据代替完整点云数据进行数字化预拼装,即只获取拱肋牛腿与拱间横梁节段对接口的点云数据,见图 5.3-1。

(a) 拱肋牛腿

(b) 拱间横梁节段

图 5.3-1 三维激光扫描仪获取对接口点云数据的场景图

5.3.2 横截面点云数据提取

采用随机采样一致性算法(3.2.1节)对拱肋牛腿与拱间横梁节段对接口点云数据进行平面检测,检测结果见图 5.3-2。按点云数据数量对检测出的平面点云数据进行降序排列,提取排序为第二到第五的平面点云数据,即为横截面点云数据,见图 5.3-3。为克服噪点的影响,采用导向滤波器[4](3.1.2节)对横截面点云数据进行去噪。

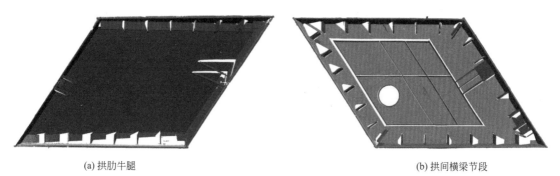

(a) 拱肋牛腿   (b) 拱间横梁节段

图 5.3-2 对接口点云数据的平面检测
（不同的平面点云数据用不同颜色表示）

(a) 拱肋牛腿   (b) 拱间横梁节段

图 5.3-3 横截面点云数据的提取

5.3.3 横截面拼接控制点检测

针对横截面点云数据，计算包含点云数量较多的相邻两个平面法向量 $(\vec{n}_1, \vec{n}_2)$，将横截面点云数据向平面 P_{L} 进行投影，平面 P_{L} 的法向量 $\vec{n}_3$ 按下式计算：

$$\vec{n}_3 = \vec{n}_1 \times \vec{n}_2 \tag{5.3-1}$$

投影得到的横截面点云数据代表着对接口（图 5.3-4）。采用随机采样一致性算法对投影后的横截面点云数据进行直线检测，直线交点即为拼接控制点（图 5.3-4）。

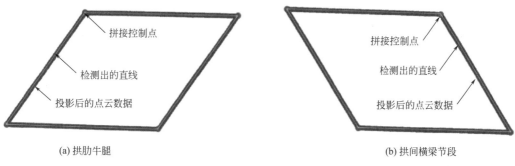

(a) 拱肋牛腿   (b) 拱间横梁节段

图 5.3-4 拼接控制点的检测

5.3.4 牛腿-横梁智能数字化预拼装

基于拼接控制点，采用基准点全排列配准算法（3.5.3 节）实现拱肋牛腿和拱间横梁节段的配准，见图 5.3-5。

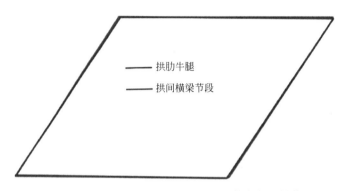

图 5.3-5 拱肋牛腿-拱间横梁节段的数字化预拼装

以拱肋牛腿点云数据为基准，采用 kNN 算法计算拱间横梁节段点云数据与基准的偏差 δ_h，δ_h 以彩色编码差异图进行显示，见图 5.3-6；由图中可以看出，对接偏差最大值为 35mm，这项对接口偏差计算结果为拱间横梁节段吊装前的整修提供了精确依据。

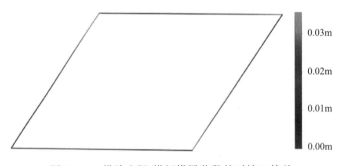

图 5.3-6 拱肋牛腿-拱间横梁节段的对接口偏差

5.4 拱肋节段间智能数字化预拼装

大型复杂钢拱桥的传统施工工艺需要反复起吊和修整拱肋节段，直至满足安装精度，效率低、工期耽误严重、综合成本高。为此，本章开展拱肋节段-拱肋节段智能数字化预拼装研究，数字化预拼装结果可以有效地指导拱肋节段起吊前修整工作，并显著地节约人力和时间成本。

5.4.1 小拱节段点云数据获取

对于小拱，拱肋由 22 段弯扭钢箱节段拼接而成。采用三维激光扫描技术前，本项目的小拱拱肋已完成 17 段钢箱节段的拼接，后续仍有 5 段钢箱节段需要进行数字化预拼装。陆地式三维激光扫描仪获取完整的已安装拱肋节段点云数据困难较大，可采用局部点云数据代替完整点云数据进行拱肋节段-拱肋节段的智能数字化预拼装，这样可只获取拱肋节段的局部点云数据，见图 5.4-1。

(a) 已安装拱肋节段　　　　　　　　　　　　(b) 待安装拱肋节段(2号为例)

图 5.4-1　三维激光扫描仪获取拱肋节段局部点云数据的场景图

5.4.2　拱肋节段侧面点云数据提取

图 5.4-2 给出了各扫描站点获取的点云数据，从图中可以看出，扫描点云数据含有少量的地面点云数据、拱肋底面点云数据等噪点。采用区域增长算法对各扫描点云数据进行分割，数量最大的簇即为拱肋节段侧面点云数据，见图 5.4-3。

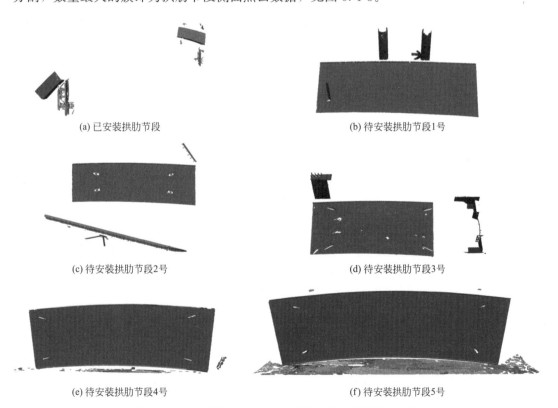

(a) 已安装拱肋节段　　　　　　　　　　　　(b) 待安装拱肋节段1号

(c) 待安装拱肋节段2号　　　　　　　　　　(d) 待安装拱肋节段3号

(e) 待安装拱肋节段4号　　　　　　　　　　(f) 待安装拱肋节段5号

图 5.4-2　拱肋节段点云数据的分割（不同的簇点云数据用不同的颜色表示）

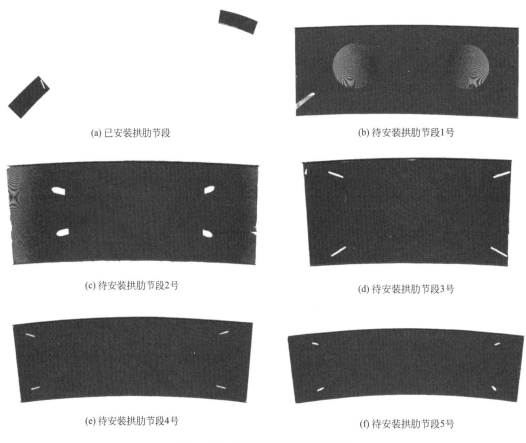

(a) 已安装拱肋节段　　　　　　　　　　　　(b) 待安装拱肋节段1号

(c) 待安装拱肋节段2号　　　　　　　　　　(d) 待安装拱肋节段3号

(e) 待安装拱肋节段4号　　　　　　　　　　(f) 待安装拱肋节段5号

图 5.4-3　拱肋节段侧面点云数据

5.4.3　拱肋节段侧面拼接控制点检测

拱肋节段-拱肋节段的预拼装中，拱肋节段的角点被选为拼接控制点。拱肋节段侧面为弯扭曲面，而已有的角点检测算法很难检测出弯扭曲面的角点。为此，提出了基于 Canny 边缘检测算法、道格拉斯-普克算法和霍夫变换算法的弯扭曲面角点检测方法，这种检测方法的基本假定是角点的邻域点云数据具有较好的平面性。弯扭曲面角点检测的具体步骤如下：

（1）采用主成分分析（PCA）算法[2] 对拱肋节段侧面点云数据进行降维处理，得到平面点云数据。

（2）采用高斯滤波算法[5] 对平面点云数据的二值化图像进行去噪，结果见图 5.4-4。

（3）采用 Canny 算法[3] 检测二值化图像的边缘，结果见图 5.4-5。

（4）采用道格拉斯-普克算法对二值化图像的边缘进行近似，得到 4 个粗略的角点，结果见图 5.4-6。

（5）采用 k 最近邻（kNN）算法提取粗略角点的邻域点云数据，结果见图 5.4-7。

（6）针对每一簇邻域点云数据，采用 PCA 算法对提取的点云数据进行降维处理，采用 Canny 算法[3] 对降维后的点云数据进行边缘检测，结果见图 5.4-7。

（7）采用霍夫变换算法对边缘点进行直线检测，直线交点即为拱肋节段的精准角点，结果见图 5.4-8，可见四个角点均被精确地检测出。

图 5.4-4 高斯滤波后的二值化图像（待安装拱肋节段 1 号为例）

图 5.4-5 边缘检测（待安装拱肋节段 1 号为例）

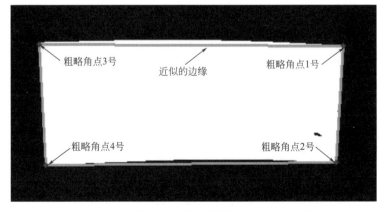

图 5.4-6 边缘近似（待安装拱肋节段 1 号为例）

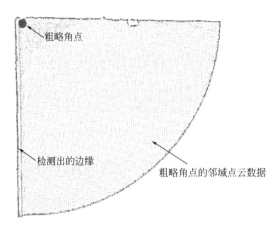

图 5.4-7　粗略角点的邻域点云数据与边缘检测

图 5.4-8　拱肋节段侧面的四个精准角点（待安装拱肋节段 1 号为例）

5.4.4　拱肋节段-拱肋节段智能数字化预拼装

当某个工程结构无设计 BIM 模型时（设计方不提供或无法 BIM 建模），数字化预拼装的核心工作是实现各构件拼接控制点的最优连接。本工程的小拱无 BIM 模型，因此需要寻找各拱肋节段拼接控制点的最优连接，具体步骤如下：

（1）由于拱肋节段为变截面构件，依据各构件对接口的长度（ab、cd、ef、gh、ij、kl）自动地获得各拱肋节段的连接关系（图 5.4-9）；

（2）将已安装拱肋节段角点 a、b、k 以及 l 的真实坐标作为待安装拱肋节段的理论坐标，给角点 $c\sim j$ 赋予初始理论坐标；

（3）用 $\boldsymbol{D}_S = \{\boldsymbol{p}_1, \boldsymbol{p}_2, \boldsymbol{p}_3, \boldsymbol{p}_4\}$ 表示拱肋节段四个角点真实坐标，用 $\boldsymbol{D}_T = \{\boldsymbol{q}_1, \boldsymbol{q}_2, \boldsymbol{q}_3, \boldsymbol{q}_4\}$ 表示步骤（2）确定的拱肋节段四个角点理论坐标，$\boldsymbol{D}_S$ 与矩阵 $\boldsymbol{D}_T$ 存在如下关系：

$$q_i = \boldsymbol{R}\boldsymbol{p}_i + \boldsymbol{T} + \boldsymbol{E}_r \tag{5.4-1}$$

上式中，$\boldsymbol{R}$ 和 $\boldsymbol{T}$ 分别为旋转矩阵和平动矩阵；$\boldsymbol{E}_r$ 为误差矩阵。拱肋节段角点真实值与理论值的最优匹配可表示为：

$$\underset{\boldsymbol{R},\boldsymbol{T}}{\arg\min} \sum_{i=1}^{4} \| \boldsymbol{R}p_i + \boldsymbol{T} - \boldsymbol{q}_i \|^2 \tag{5.4-2}$$

通过式（3.4-2）～式（3.4-5）可求得 R 和 T；

（4）根据 R 和 T，更新 $D_S = \{p_1, p_2, p_3, p_4\}$；

（5）点 $c \sim j$ 的理论坐标设置为相邻待安装拱肋节段角点的平均值；

（6）重复步骤（3）～（5），直至点 $c \sim j$ 的理论坐标达到稳定（图 5.4-10）。

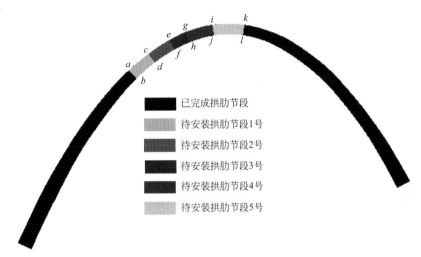

图 5.4-9　各拱肋节段的连接关系

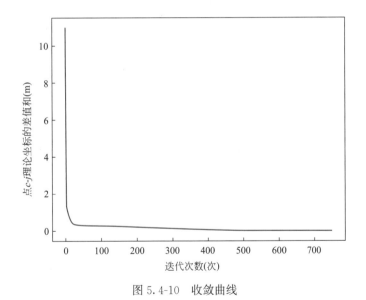

图 5.4-10　收敛曲线

数字化预拼装结果包括预拼装后的拱肋点云数据（图 5.4-11）和角点偏差（表 5.4-1），其中角点偏差是指拱肋节段角点的真实坐标与理论坐标之间的差异。角点偏差在局部坐标系（x-y-z）三个方向的投影分别为 D_x、D_y 以及 D_z（图 5.4-12），D_x 表示对接口面内错动，D_y 表示对接口宽度，D_z 表示对接口面外错动。从图 5.4-11 和表 5.4-1 可看出，待安装拱肋节段尺寸精度均满足精准对接的要求。竣工后的小拱拱肋见图 5.4-13；小拱拱肋的安装精度控制得较好。

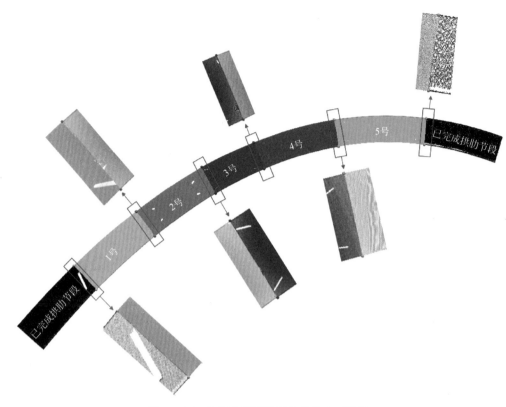

图 5.4-11　数字化预拼装后的拱肋点云数据

拱肋节段的角点偏差　　　　　　　　　　　　　表 5.4-1

拱肋节段编号	角点编号	D_x (mm)	D_y (mm)	D_z (mm)
1号	a	13.5	8.2	0.2
	b	12.1	2.0	0.2
	c	0.4	5.7	0.1
	d	1.0	0.4	0.3
2号	c	0.2	5.7	0.4
	d	1.0	0.5	0.3
	e	2.2	4.6	0.3
	f	1.3	1.6	0.4
3号	e	1.4	4.9	0.3
	f	1.6	1.4	0.3
	g	0.7	5.8	0.3
	h	0.7	0.5	0.4
4号	g	1.3	5.7	0.4
	h	0.7	0.6	0.4
	i	1.6	9.2	0.5
	j	2.2	2.9	0.3

续表

拱肋节段编号	角点编号	D_x (mm)	D_y (mm)	D_z (mm)
5 号	i	0.4	9.3	0.01
	j	1.5	3.4	0.02
	k	4.5	19.9	0.07
	l	2.7	14.0	0.08

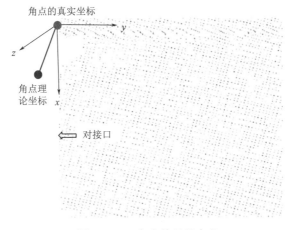

图 5.4-12 角点偏差的定义

图 5.4-13 竣工后的小拱拱肋

5.5 小结

本章以重庆两江新区寨子路钢拱桥为工程背景，介绍了基于三维激光扫描技术和智能算法的焊接复杂桥梁结构尺寸检测和预拼装方法，具体包括点云数据获取、扫描点云数据配准、目标点云数据提取、拼接控制点检测、数字化尺寸检测和数字化预拼装等。研究结果表明，基于三维激光扫描技术和智能算法的焊接复杂桥梁结构尺寸检测和预拼装方法高效、精准且实用，为同类型桥梁的尺寸检测和预拼装提供了良好的参考案例和算法基础。

对于大型复杂焊接钢拱桥，传统的施工工艺需要反复起吊和修整拱肋节段，直至满足安装精度，效率低、工期耽误严重、综合成本高。此外，构部件尺寸偏差、安装偏差、结构变形等因素常常导致已加工完成的合龙段无法顺利安装。在未来的工程应用中，可借助智能数字化预拼装技术重塑焊接桥梁结构的施工工艺。以本工程的大拱拱肋施工为例，本书建议的重塑后的施工工艺流程（图 5.5-1）为：（1）工厂内按设计 BIM 模型制作拱肋节

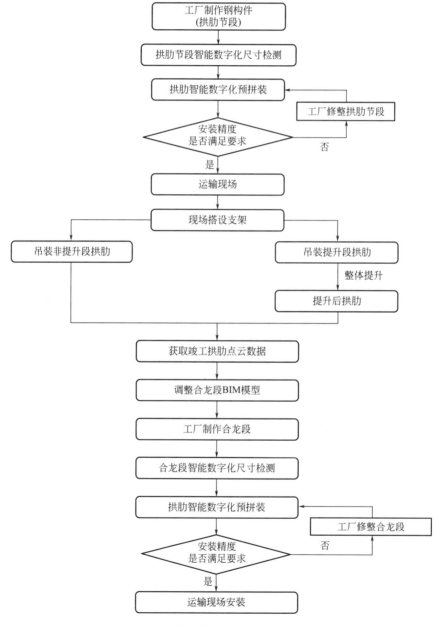

图 5.5-1 重塑后的大拱拱肋施工工艺流程

段；（2）对拱肋节段进行智能数字化尺寸检测，进而开展拱肋节段智能化预拼装，根据预拼装结果在工厂内修整拱肋节段，直至满足安装精度；（3）将拱肋节段运输到现场，工程现场搭设支架，继而完成非提升段拱肋和提升段拱肋的安装；（4）采用提升法就位提升段拱肋；（5）采用三维激光扫描技术获取竣工拱肋点云数据，进而调整合龙段 BIM 模型；（6）工厂内按调整后的 BIM 模型制作合龙段；（7）出厂前对合龙段进行智能数字化尺寸检测，进而开展拱肋智能化预拼装，并根据预拼装结果在工厂内修整合龙段，直至满足安装精度；（8）最后将合龙段运输现场直接安装，拱肋施工完成。

参考文献

［1］VO A V，TRUONG-HONG L，LAEFER D F，et al. Octree-based region growing for point cloud segmentation ［J］. ISPRS Journal of Photogrammetry and Remote Sensing，2015，104：88-100.

［2］刘界鹏，周绪红，伍洲，等 . 智能建造基础算法教程 ［M］. 北京：中国建筑工业出版社，2021.

［3］CANNY J. A computational approach to edge detection ［J］. IEEE Transactions on Pattern Analysis and Machine Intelligence，1986，（6）：679-98.

［4］HE K M，SUN J，TANG X O. Guided Image Filtering ［J］. IEEE Transactions on Pattern Analysis and Machine Intelligence，2012，35（6）：1397-1409.

［5］DENG G，CAHILL L W. An adaptive Gaussian filter for noise reduction and edge detection ［C］// Proc IEEE Nuclear Science Symposium and Medical Imaging Conference，San Francisco，CA，1993，3：1615-1619.

第6章 螺栓连接桥梁结构智能数字化尺寸检测和预拼装

与焊接连接相比，钢结构采用高强度螺栓连接时，安装速度快，人力投入少，工期短，因此螺栓连接在钢结构建筑和桥梁中的应用越来越多。但螺栓连接对钢结构的加工精度要求高，螺栓孔与螺栓杆之间的间隙一般仅允许为1.5~2mm，且对于有疲劳要求的钢结构桥梁则要求更高。为了减少现场修整的工作量，螺栓连接的大型复杂钢构件一般都需要在工厂进行实体预拼装，进行螺栓通孔检查，甚至需要根据实体预拼装结果进行后钻孔和连接板后加工等，效率低，场地占用大，工期长，综合效益低。采用三维激光扫描技术和智能算法进行螺栓连接钢结构的智能数字化预拼装，可有效解决上述问题。本章以大型钢结构桁架桥梁为例，对螺栓连接大型钢结构的智能数字化尺寸检测和预拼装技术进行了研究，并结合研究成果配合施工单位完成了技术应用。研究和应用成果表明，智能数字化尺寸检测和预拼装技术在螺栓连接大型复杂钢结构的制造和施工中具有良好的应用价值。

6.1 螺栓连接桥梁结构工程背景

重庆郭家沱长江大桥（图6.1-1）是国内跨度最大的公轨两用悬索桥，是重庆快速路六纵线重要过江节点工程。本工程的主桥为单孔悬吊双塔三跨连续钢桁梁悬索桥，跨径布置为67.5m+720m+75m。桥跨结构采用双层布置，上层为八车道城市道路交通，下层为双线轨道交通。郭家沱大桥的螺栓孔位密集、数量多，仅北岸主桥就使用了26万套高强度螺栓。根据施工工艺要求，需要将钢桁架在工厂进行实体预拼装（图6.1-2），存在效率低、成本高、工期长等不足。传统的钢桁架施工工艺流程（图6.1-3）为：首先在工厂按设计BIM模型制作钢构件；然后在工厂进行钢桁架的实体预拼装，对不满足安装精度要求的钢构件进行修整；最后将钢构件运输现场直接安装。

图 6.1-1 重庆郭家沱长江大桥

图 6.1-2　钢桁架工厂实体预拼装

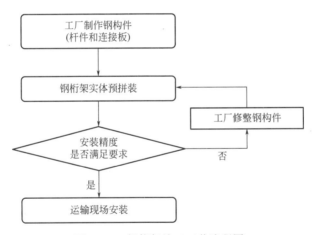

图 6.1-3　钢桁架施工工艺流程图

　　本工程是典型的螺栓连接大型钢结构桥梁，钢桁架节段的 BIM 模型见图 6.1-4。钢桁架节段由钢桁架杆件和连接板组成，钢桁架杆件包括下弦杆、上弦杆和腹杆。连接板共有 7 种不同规格：上弦杆底面连接板、上弦杆侧面连接板、腹杆顶/底面连接板、腹杆侧面连接板、下弦杆顶面连接板、下弦杆底面连接板和下弦杆侧面连接板。传统测量方法均很难高效、快速、精准地完成大量螺栓孔的尺寸检测，无法有效地指导钢桁架的数字化预拼装。

　　基于本工程的需求，本书开展了基于点云数据和智能算法的螺栓连接桥梁结构尺寸检测与预拼装研究，包括连接板智能数字化尺寸检测、钢桁架杆件智能数字化尺寸检测和钢桁架节段智能数字化预拼装等。

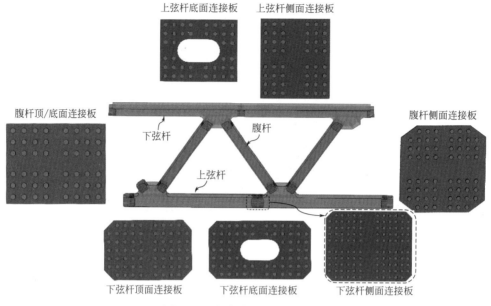

图 6.1-4　钢桁架节段 BIM 模型

6.2　连接板智能数字化尺寸检测

6.2.1　连接板点云数据获取

由于螺栓孔精度的要求很高，采用陆地式三维激光扫描仪得到的点云数据不能满足要求，因此需采用手持式扫描仪获取连接板的点云数据。手持式三维扫描仪扫描连接板前，需要在连接板上散乱地布置标靶点，见图 6.2-1。

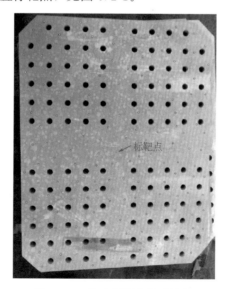

图 6.2-1　贴有标靶点的连接板

6.2.2 螺栓孔点云数据提取

采用随机采样一致性算法[1] 对连接板点云数据进行平面检测,得到螺栓孔群点云数据和连接板表面点云数据,见图 6.2-2。然后采用 DBSCAN 算法[2] 对螺栓孔群点云数据进行分割,可得到每一个螺栓孔的点云数据,见图 6.2-3。

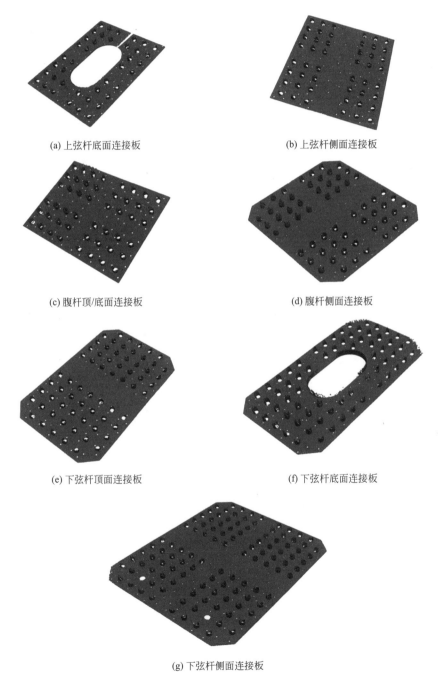

(a) 上弦杆底面连接板　　　　　　　　　　(b) 上弦杆侧面连接板

(c) 腹杆顶/底面连接板　　　　　　　　　　(d) 腹杆侧面连接板

(e) 下弦杆顶面连接板　　　　　　　　　　(f) 下弦杆底面连接板

(g) 下弦杆侧面连接板

图 6.2-2　随机采样一致性算法检测连接板表面点云数据

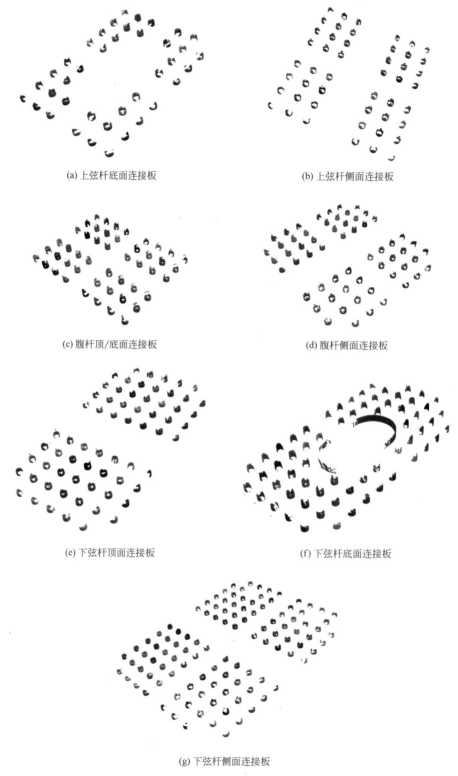

(a) 上弦杆底面连接板

(b) 上弦杆侧面连接板

(c) 腹杆顶/底面连接板

(d) 腹杆侧面连接板

(e) 下弦杆顶面连接板

(f) 下弦杆底面连接板

(g) 下弦杆侧面连接板

图 6.2-3　DBSCAN算法分割螺栓孔群点云数据

6.2.3 连接板智能数字化尺寸检测

根据《钢结构工程施工质量验收标准》[3] 的规定，连接板数字化尺寸检测包括螺栓孔半径和螺栓孔排布两个方面，具体步骤如下：

（1）采用 2.2.2 节的方法对连接板的 BIM 模型进行处理，得到螺栓孔设计半径 r_d 和螺栓孔设计圆心坐标集 $C_d = \{c_{d1}, c_{d2}, \cdots, c_{dn}\}$。采用主成分分析算法对 C_d 进行降维，见图 6.2-4（a）。

（2）将螺栓孔的扫描点云数据沿连接板表面点云数据的法向量进行投影，得到螺栓孔平面点云数据，见图 6.2-4（b）。手持式扫描仪得到的点云数据质量高，可采用最小二乘法[4] 对螺栓孔平面点云数据进行圆拟合，得到螺栓孔的加工半径 r_c 和加工圆心坐标 c_c，$|r_c - r_d|$ 即为螺栓孔的半径偏差 δ_r。各螺栓孔的加工圆心坐标集 $C_c = \{c_{c1}, c_{c2}, \cdots, c_{cn}\}$，见图 6.2-4（c）。

（3）采用基于有向包围盒角点的点云数据配准算法对 C_d 和 C_c 进行配准，结果见图 6.2-4（d）。

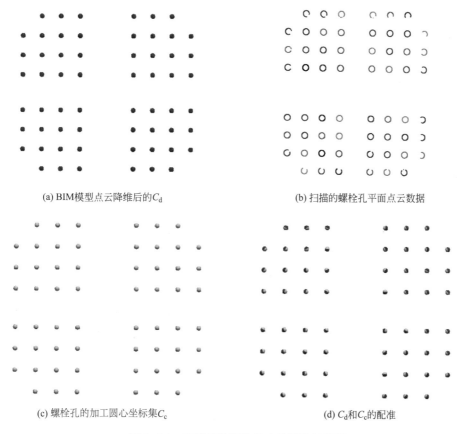

(a) BIM模型点云降维后的C_d　　　　(b) 扫描的螺栓孔平面点云数据

(c) 螺栓孔的加工圆心坐标集C_c　　　　(d) C_d和C_c的配准

图 6.2-4　连接板数字化尺寸检测的过程图

（4）对于加工圆心坐标 c_{ci}，采用 kNN 算法从 C_d 寻找其邻域点 c_{dj}，$\|c_{ci} - c_{dj}\|$ 即为螺栓孔的排布偏差 δ_d。

　　图 6.2-5 为各连接板数字化尺寸检测的结果，从图中可以看出，连接板的螺栓孔半径均不超过规范的允许值 0.5mm。表 6.2-1 给出了螺栓孔孔距的允许偏差，根据表 6.2-1 的规定，图 6.2-5 中有 11 个螺栓孔的孔距超过规范的允许值。

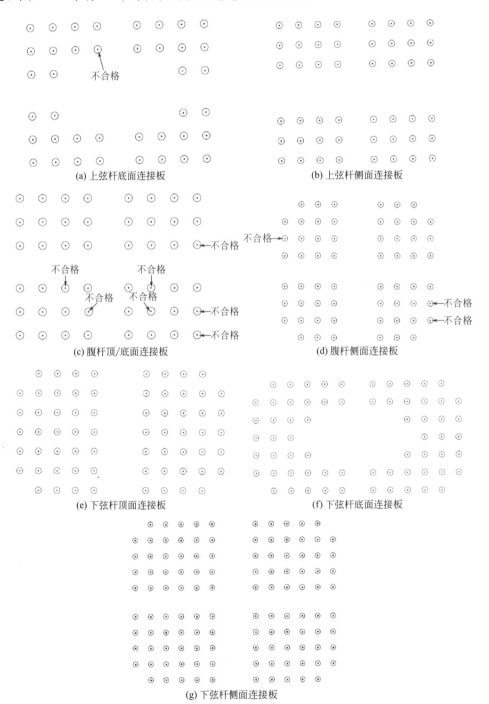

(a) 上弦杆底面连接板　　　　　　　　　　　　(b) 上弦杆侧面连接板

(c) 腹杆顶/底面连接板　　　　　　　　　　　　(d) 腹杆侧面连接板

(e) 下弦杆顶面连接板　　　　　　　　　　　　(f) 下弦杆底面连接板

(g) 下弦杆侧面连接板

图 6.2-5　连接板数字化尺寸检测

(红色点表示螺栓孔的排布偏差超过规范允许偏差，红色圆圈表示螺栓孔的半径偏差超过规范允许偏差)

螺栓孔孔距范围	≤500	501~1200	1201~3000	>3000
同一组内任意两孔间距离	±1.0	±1.0	—	—
相邻两组的端孔间距离	±1.0	±2.0	±2.5	±3.0

螺栓孔孔距的允许偏差（mm）[3] 表 6.2-1

注意：表中，一根杆件一端的一个侧面螺栓孔为一组，而一块连接板连接两组螺栓孔。

6.3 钢桁架杆件智能数字化尺寸检测

6.3.1 钢桁架杆件点云数据获取

针对大型的螺栓连接钢构件，提出了多尺度点云数据采集方案：采用手持式三维扫描仪进行局部扫描，依次获取各螺栓孔群的及其附近标靶球的局部点云数据；采用陆地式三维激光扫描仪进行全局扫描，一次性获取全局标靶球点云数据，且所有标靶球在局部扫描和整体扫描时保持位置不变；然后局部点云数据通过全局标靶球点云数据进行配准。需要注意的是，配准时并不需要全局杆件的点云数据，只需要全局标靶球数据；数字化尺寸检测可仅针对螺栓孔群进行，螺栓孔群也可间接地反映杆件整体尺寸质量。图 6.3-1 和图 6.3-2 分别为采用手持式三维扫描仪和陆地式三维激光扫描仪进行扫描的操作。

图 6.3-1 手持式三维扫描仪获取点云数据的场景图

6.3.2 局部点云数据配准

要对钢桁架杆件进行数字化尺寸检测，就需要通过全局标靶球点云数据将手持式扫描仪获取的各站点云数据统一到同一坐标系中。配准的具体步骤为：（1）采用多球并行检测算法（3.2.6节）分别对手持式扫描仪和陆地式扫描仪获取的点云数据进行标靶球检测；（2）基于检测出的标靶球，采用基准点全排列配准算法（3.4.3节）对手持式扫描仪和陆地式激光扫描仪的点云数据进行配准。图 6.3-3～图 6.3-5 分别为上弦杆、下弦杆和腹杆点云数据的配准结果；配准结果可满足数字化尺寸检测和预拼装要求。

图 6.3-2　陆地式三维激光扫描仪获取点云数据的场景图

(a) 手持式扫描仪获取的局部点云数据

(b) 陆地式扫描仪获取的全局点云数据

(c) 配准后的点云数据

图 6.3-3　上弦杆点云数据配准

(a) 手持式扫描仪获取的局部点云数据

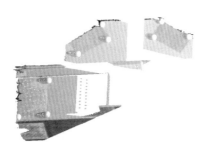

(b) 陆地式扫描仪获取的全局点云数据

(c) 配准后的点云数据

图 6.3-4　下弦杆点云数据配准

(a) 手持式扫描仪获取的局部点云数据

(b) 陆地式扫描仪获取的全局点云数据

(c) 配准后的点云数据

图 6.3-5　腹杆点云数据配准

6.3.3　钢桁架杆件智能数字化尺寸检测

1. 设计螺栓孔信息的提取与分类

采用 2.2.2 节的方法对钢桁架杆件的 BIM 模型进行处理，得到螺栓孔设计半径 r_d 和螺栓孔设计圆心三维坐标集 $C_d = \{c_{d1}, c_{d2}, \cdots, c_{dn}\}$，从而完成设计螺栓孔的提取。数字化尺寸检测之前，需要先对钢桁架杆件的螺栓孔设计圆心坐标集进行分类，具体步骤为：（1）采用随机采样一致性算法[1] 对 C_d 进行粗分割；（2）采用 DBSCAN 算法[2] 对粗分割后的 C_d 进行处理，得到每一组的螺栓孔集 $C_d = \{C_{d1}, C_{d2}, \cdots, C_{dm}\}$。图 6.2-6～图 6.2-8 为不同杆件螺栓孔设计圆心坐标集的提取与分类结果。

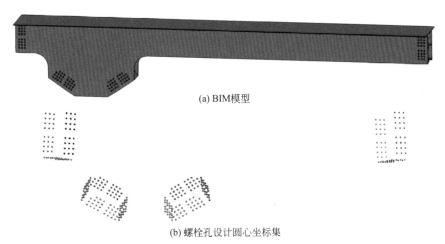

(a) BIM模型

(b) 螺栓孔设计圆心坐标集

图 6.3-6　上弦杆的螺栓孔设计圆心坐标集（同组的螺栓孔用相同颜色表示）

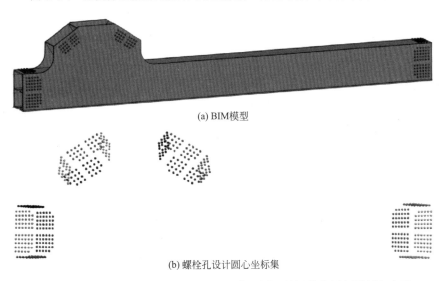

(a) BIM模型

(b) 螺栓孔设计圆心坐标集

图 6.3-7　下弦杆的螺栓孔设计圆心坐标集（同组的螺栓孔用相同颜色表示）

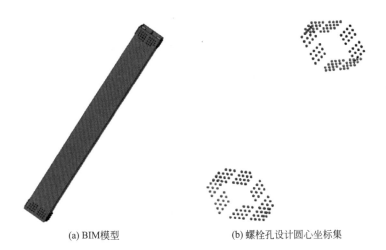

(a) BIM模型　　　　　　　　　　(b) 螺栓孔设计圆心坐标集

图 6.3-8　腹杆的螺栓孔设计圆心坐标集（同组的螺栓孔用相同颜色表示）

2. BIM 模型点云数据提取

对于 C_d 中任意一个元素 c_{di}，采用 kNN 算法从 BIM 模型点云数据中提取 c_{di} 的邻域点云数据。图 6.3-9～图 6.3-11 为提取后的螺栓孔群区域 BIM 模型点云数据。

图 6.3-9　提取后的上弦杆螺栓孔群区域 BIM 模型点云数据

图 6.3-10　提取后的下弦杆螺栓孔群区域 BIM 模型点云数据

图 6.3-11　提取后的腹杆螺栓孔群区域 BIM 模型点云数据

3. BIM 模型点云与扫描点云配准

对于上弦杆和下弦杆，采用 3.4.5 节的基于侧面角点的点云数据配准算法实现 BIM 模型点云数据与扫描点云数据的配准，见图 6.3-12 和图 6.3-13；由图中可见，配准结果精准性和可靠性好。

图 6.3-12　BIM 模型点云数据与扫描点云数据的配准-上弦杆

图 6.3-13　BIM 模型点云数据与扫描点云数据的配准-下弦杆

对于腹杆，采用 3.4.5 节的基于有向包围盒角点的点云数据配准算法实现 BIM 模型点云数据与扫描点云数据的配准，配准结果见图 6.3-14，由图中可见，配准的精准性和可靠性较好。

图 6.3-14　BIM 模型点云数据与扫描点云数据的配准-腹杆

4. 偏差评估

基于配准后的点云数据可开展钢桁架杆件尺寸偏差评估。根据《钢结构工程施工质量验收标准》[3] 的规定，偏差评估包括螺栓孔半径和螺栓孔排布两个方面，具体步骤如下：

（1）对于 $C_d = \{C_{d1}, C_{d2}, \cdots, C_{dm}\}$ 的每一个元素 C_{di}，采用 kNN 算法从配准后的扫描点云数据提取 C_{di} 中每一个元素的邻域点云数据，记为 Ω_i。C_{di} 和配准后的扫描点云数据见图 6.3-15（a），Ω_i 见图 6.3-15（b）；

（2）采用随机采样一致性算法[1] 对 Ω_i 进行平面检测，将检测出的平面点云数据从 Ω_i 中剔除，得到点云数据 Ω_i^s；

（3）将 C_{di} 和 Ω_i^s 向当前簇确定的平面进行投影，结果见图 6.3-15（c）；

（4）采用 DBSCAN 算法[2] 对投影后的 Ω_i^s 进行分割，并采用最小二乘法[4] 对分割后的 Ω_i^s 进行圆拟合，得到加工螺栓孔半径集 $\{r_c\}$ 和加工圆心坐标集 C_{ci}，结果见图 6.3-15（d）；其中，$|r_c - r_d|$ 即为螺栓孔半径偏差；

(a) C_d 和配准后的扫描点云数据

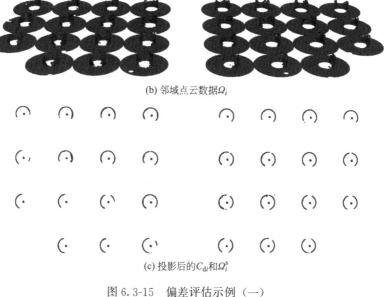

(b) 邻域点云数据 Ω_i

(c) 投影后的 C_{di} 和 Ω_i^s

图 6.3-15　偏差评估示例（一）

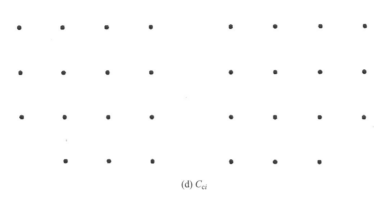

(d) C_{ci}

图 6.3-15　偏差评估示例（二）

（5）采用迭代最近邻的算法[5] 对 C_{di} 和 C_{ci} 进行配准，加工螺栓孔圆心和设计螺栓孔圆心的距离即为螺栓孔排布偏差。

按步骤（1）～（5）对 C_d 中每一个元素进行处理，从而完成构件的数字化尺寸检测，各构件的尺寸检测结果见图 6.3-16～图 6.3-18。测量人员采用传统检测方法完成一个钢桁架构件检测的耗时为 8 小时，且测量结果人为因素大；此外，测量人员评估孔间距离的工作难度很大，准确性也不足。采用智能化数字化尺寸检测技术不依赖测量人员的专业知识，可以全面地完成钢桁架尺寸偏差的评估，而所需时间仅为 3 小时。可见，基于三维激光扫描技术和智能算法的尺寸检测综合方法具有效率高和精准性好的特点，实用性强，具有良好的推广价值。

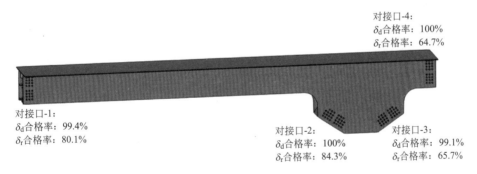

对接口-4:
δ_d合格率: 100%
δ_r合格率: 64.7%

对接口-1:
δ_d合格率: 99.4%
δ_r合格率: 80.1%

对接口-2:
δ_d合格率: 100%
δ_r合格率: 84.3%

对接口-3:
δ_d合格率: 99.1%
δ_r合格率: 65.7%

图 6.3-16　上弦杆数字化尺寸检测结果

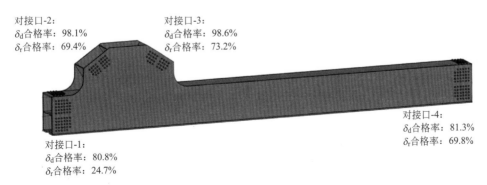

对接口-2:
δ_d合格率: 98.1%
δ_r合格率: 69.4%

对接口-3:
δ_d合格率: 98.6%
δ_r合格率: 73.2%

对接口-4:
δ_d合格率: 81.3%
δ_r合格率: 69.8%

对接口-1:
δ_d合格率: 80.8%
δ_r合格率: 24.7%

图 6.3-17　下弦杆数字化尺寸检测结果

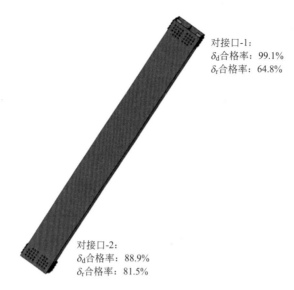

对接口-1:
δ_d合格率: 99.1%
δ_r合格率: 64.8%

对接口-2:
δ_d合格率: 88.9%
δ_r合格率: 81.5%

图 6.3-18　腹杆数字化尺寸检测结果

6.4　钢桁架节段智能数字化预拼装

对于有 BIM 模型的工程结构，数字化预拼装的核心工作是对各构件拼接控制点的真实值与理论值进行最优匹配。对于螺栓连接钢桁架桥梁，杆件尺寸偏离理论值对后续的施工影响较大，而连接板孔群位置偏离理论值对后续的施工影响较小。因此，杆件尺寸要尽可能地接近理论值以确定后续施工的顺利，而连接板可按最优姿态施工以确保拼接误差最小。经过 6.3 节的处理及相应修整，上弦杆、下弦杆和腹杆尺寸已经最大程度地接近理论值；而确定连接板最优姿态的具体步骤如下：

（1）给定连接板的螺栓孔竣工圆心坐标集 C_{ld}，采用 kNN 算法从构件的螺栓孔竣工圆心坐标集 C_{gd} 中提取 C_{ld} 的邻域点集 C_{nd}；

（2）采用迭代最近邻算法[5]配准 C_{nd} 和 C_{ld}，得到连接板的最优姿态；

（3）按下式计算各对接口的通孔率 ζ：

$$\zeta = \frac{\sum_{i=1}^{TB} \eta_i}{TB} \tag{6.4-1}$$

上式中，TB 表示对接口的螺栓总数量，η_i 是第 i 个螺栓孔是否满足通孔要求的标识，按下式进行计算：

$$\eta_i = \begin{cases} 0 & d_i \geqslant d_b \\ 1 & d_i < d_b \end{cases} \tag{6.4-2}$$

上式中，$\eta_i = 0$ 代表第 i 个螺栓孔满足通孔要求，$\eta_i = 1$ 代表第 i 个螺栓孔不满足通孔要求；d_b 表示螺杆的直径；d_i 表示第 i 个螺栓孔与对应的构件螺栓孔之间的最大空隙，按下式进行计算：

$$d_i = \begin{cases} \min\{2 \times e_i, 2 \times g_i\} - \Delta c + |e_i - g_i| & \Delta c \geqslant |e_i - g_i| \\ \min\{2 \times e_i, 2 \times g_i\} & \Delta c < |e_i - g_i| \end{cases} \tag{6.4-3}$$

上式中，e_i 表示第 i 个螺栓孔的真实半径；g_i 表示与第 i 个螺栓孔对应的构件螺栓孔真实半径；Δc 表示第 i 个螺栓孔圆心与对应的构件螺栓孔圆心坐标之间的偏差；各符号的含义见图 6.4-1。

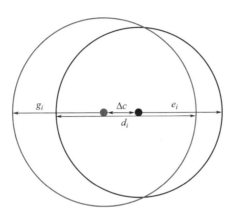

图 6.4-1　螺栓孔的最大空隙

按照步骤（1）～（2）对所有连接板进行处理，再按步骤（3）统计所有对接口的通孔率，从而完成钢桁架节段的智能数字化预拼装，预拼装结果见图 6.4-2。

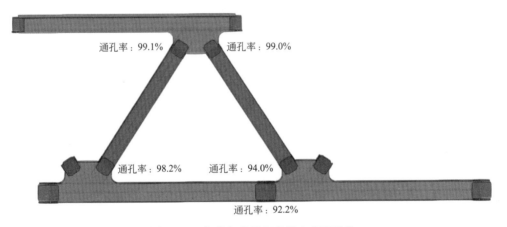

图 6.4-2　钢桁架节段智能数字化预拼装

6.5　连接板最优修整方案智能计算

误差的累计会导致连接板无法顺利地将构部件连接在一起；螺栓通孔率低于 100% 时，实际工程中需要对连接板进行修整。为此，提出了基于启发式算法的连接板最优修整方法。连接板的最优修整定义为以修整最少数量的螺栓孔实现 100% 的通孔率，目标函数 C 定义为：

$$C = \min(\sum_{i=1}^{TB} \eta_i) \tag{6.5-1}$$

因此，连接板的最优修整方法可转化为寻找连接板的旋转矩阵 R 和平动矩阵 T 以得到最小 C 值。由于 R 和 T 的组合数量巨大，采用粒子群算法[6] 搜索最优旋转矩阵 R_{opt} 和最优平动矩阵 T_{opt}。粒子群算法是通过粒子（R 和 T 的候选组合）间的协作和信息共享达到求解目标：每个粒子会记录自己当前的位置以及自己的历史最优解，同时种群智能优化算法也会记录种群的历史最优解；通过这两个历史最优解的记录，粒子达到了协作和信息共享的目的。为描述粒子群的行为，每个粒子用速度 v_{ij} 和位置 x_{ij} 两个特征进行描述，按下式进行更新[6]：

$$v_{ij}(t+1) = wv_{ij}(t) + c_1 \times r_1 \times (p_{ij} - x_{ij}(t)) + c_2 \times r_2 \times (p_{gj} - x_{ij}(t))$$

(6.5-2)

$$x_{ij}(t+1) = x_{ij}(t) + v_{ij}(t+1)$$

(6.5-3)

上式中，i 为粒子的序号，j 为变量维度的序号；v_{ij} （$t+1$）和 v_{ij} （t）分别时刻 $t+1$ 和时刻 t 的粒子速度；x_{ij} （$t+1$）和 x_{ij} （t）分别时刻 $t+1$ 和时刻 t 的位置；w 为惯性权重；c_1 和 c_2 为学习因子；r_1 和 r_2 为闭区间 ［0，1］ 中的随机数；p_{ij} 为当前粒子的历史最优解；p_{gj} 为种群历史最优解。

表 6.5-1 和表 6.5-2 给出了连接板和对接口的螺栓孔基本信息；可根据上述原理确定连接板的最优修整方案，其中设定 $d_b = 32mm$。图 6.5-1 为不同方法确定的连接板最优修整结果，从图可以看出，粒子群算法确定的螺栓孔修整数量为 10 个，普氏分析确定的螺栓孔修整数量为 12 个，验证了基于粒子群算法的连接板最优修整方法的有效性。

对接口螺栓孔基本信息 表 6.5-1

编号	螺栓孔信息		编号	螺栓孔信息		编号	螺栓孔信息		编号	螺栓孔信息	
	圆心坐标	半径(mm)		圆心坐标	半径(mm)		圆心坐标	半径(mm)		圆心坐标	半径(mm)
1	(60,180)	16.5	2	(60,120)	16.5	3	(60,300)	16.5	4	(60,240)	16.5
5	(60,60)	16.5	6	(0,360)	16.5	7	(0,300)	16.5	8	(60,0)	16.5
9	(60,−60)	16.5	10	(120,240)	16.5	11	(120,180)	16.5	12	(120,360)	16.5
13	(120,300)	16.5	14	(120,120)	16.5	15	(120,−60)	16.5	16	(60,360)	16.5
17	(120,60)	16.5	18	(120,0)	16.5	19	(−60,60)	16.5	20	(−60,0)	16.5
21	(−60,180)	16.5	22	(−60,120)	16.5	23	(−60,−60)	16.5	24	(0,120)	16.5
25	(0,60)	16.5	26	(0,240)	16.5	27	(0,180)	16.5	28	(0,0)	16.5
29	(−60,300)	16.5	30	(−60,240)	16.5	31	(0,−60)	16.5	32	(−60,360)	16.5
33	(−200,180)	16.5	34	(−200,120)	16.5	35	(−200,300)	16.5	36	(−200,240)	16.5
37	(−200,60)	16.5	38	(−260,360)	16.5	39	(−260,300)	16.5	40	(−200,0)	16.5
41	(−200,−60)	16.5	42	(−140,240)	16.5	43	(−140,180)	16.5	44	(−140,360)	16.5
45	(−140,300)	16.5	46	(−140,120)	16.5	47	(−140,−60)	16.5	48	(−200,360)	16.5
49	(−140,60)	16.5	50	(−140,0)	16.5	51	(−320,60)	16.5	52	(−320,0)	16.5
53	(−320,180)	16.5	54	(−320,120)	16.5	55	(−320,−60)	16.5	56	(−260,120)	16.5
57	(−260,60)	16.5	58	(−260,240)	16.5	59	(−260,180)	16.5	60	(−260,0)	16.5
61	(−320,300)	16.5	62	(−320,240)	16.5	63	(−260,−60)	16.5	64	(−320,360)	16.5

连接板螺栓孔基本信息　　　　　表 6.5-2

编号	螺栓孔信息		编号	螺栓孔信息		编号	螺栓孔信息		编号	螺栓孔信息	
	圆心坐标	半径(mm)		圆心坐标	半径(mm)		圆心坐标	半径(mm)		圆心坐标	半径(mm)
1	(60,180)	**15.8**	2	(60,120)	16.5	3	(60,**302**)	16.5	4	(**61.1**,240)	16.5
5	(60,60)	16.5	6	(0,360)	16.5	7	(0,300)	16.5	8	(60,0)	16.5
9	(60,−60)	16.5	10	(120,240)	16.5	11	(120,180)	16.5	12	(120,**361.1**)	16.5
13	(120,300)	16.5	14	(120,120)	16.5	15	(120,−60)	16.5	16	(60,360)	16.5
17	(120,60)	16.5	18	(120,0)	16.5	19	(−60,60)	16.5	20	(−60,0)	16.5
21	(−60,**181.1**)	16.5	22	(−60,120)	16.5	23	(−60,−60)	16.5	24	(0,120)	16.5
25	(0,60)	16.5	26	(0,**242**)	16.5	27	(0,180)	16.5	28	(0,0)	16.5
29	(−60,300)	16.5	30	(−60,240)	16.5	31	(0,−60)	16.5	32	(−60,360)	16.5
33	(−200,180)	16.5	34	(**−198**,120)	16.5	35	(−200,300)	16.5	36	(−200,240)	16.5
37	(−200,60)	**15.9**	38	(−260,360)	16.5	39	(−260,300)	16.5	40	(−200,0)	16.5
41	(−200,−60)	16.5	42	(−140,240)	16.5	43	(**−138.9**,180)	16.5	44	(−140,360)	16.5
45	(−140,300)	16.5	46	(−140,**121**)	16.5	47	(−140,−60)	16.5	48	(−200,360)	16.5
49	(−140,60)	16.5	50	(−140,0)	16.5	51	(−320,60)	16.5	52	(**−318.8**,0)	16.5
53	(−320,180)	**15.9**	54	(−320,120)	16.5	55	(**−318.9**,−60)	16.5	56	(−260,**122**)	16.5
57	(−260,60)	16.5	58	(−260,240)	16.5	59	(−260,180)	16.5	60	(**258.9**,0)	16.5
61	(−320,300)	16.5	62	(−320,**241.1**)	16.5	63	(−260,−60)	16.5	64	(−320,360)	16.5

注：对接口和连接板的螺栓孔偏差均用粗体表示。

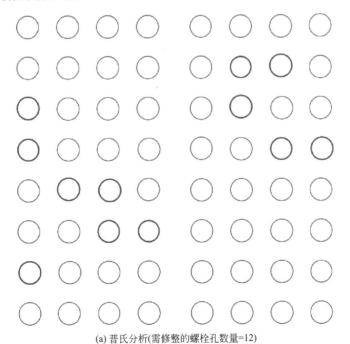

(a) 普氏分析(需修整的螺栓孔数量=12)

图 6.5-1　连接板的最优修整方案（加粗红色圆圈表示需要修整的螺栓孔）（一）

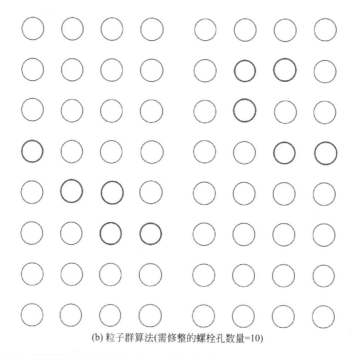

(b) 粒子群算法(需修整的螺栓孔数量=10)

图 6.5-1　连接板的最优修整方案（加粗红色圆圈表示需要修整的螺栓孔）（二）

6.6　小结

　　本章以重庆郭家沱长江大桥为工程背景，介绍了基于三维激光扫描技术和智能算法的螺栓连接桥梁结构尺寸检测与预拼装方法，具体包括点云数据获取、扫描点云数据配准、目标点云数据提取、数字化尺寸检测、数字化预拼装和连接板最优修整。研究结果表明，基于三维激光扫描技术和智能算法的螺栓连接桥梁结构尺寸检测与预拼装方法效率高，精准性好，实用性强。本章的方法为同类型桥梁的尺寸检测和预拼装提供了良好的参考案例和算法基础。

　　传统的施工工艺流程中，钢桁架需要在工厂进行实体预拼装，存在效率低、成本高、工期长等不足。在未来的工程应用中，可借助智能数字化预拼装技术重塑钢桁架施工工艺（图 6.6-1）：首先在工厂内按设计 BIM 模型制作杆件和连接板；其次对拱肋节段进行智能数字化尺寸检测，进而开展拱肋节段智能化预拼装，根据预拼装结果在工厂内修整连接板，直至满足安装精度；最后将钢构件运输到现场直接安装。

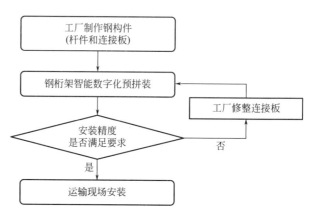

图 6.6-1　重塑后的钢桁架施工工艺流程图

参考文献

[1] FISCHLER M A，BOLLES R C. Random Sample Consensus：A paradigm for model fitting with applications to image analysis and automated cartography [J]. Communications of the ACM，1981，24 (6)：381-95.

[2] ESTER M，KRIEGEL H P，SANDER J，et al. A density-based algorithm for discovering clusters in large spatial databases with noise [C] //KDD，1996，96 (34)：226-231.

[3] 中华人民共和国住房和城乡建设部. 钢结构工程施工质量验收标准：GB 50205—2020 [S]. 北京：中国计划出版社，2020.

[4] CHERNOV N. Circular and linear regression：Fitting circles and lines by least squares [M]. CRC Press，2010.

[5] BESL P J，MCKAY N D. Method for registration of 3-D shapes [C] //Sensor fusion Ⅳ：Control Paradigms and Data Structures. Spie，1992，1611：586-606.

[6] 刘界鹏，周绪红，伍洲，等. 智能建造基础算法教程 [M]. 北京：中国建筑工业出版社，2021.

第7章 复杂空间结构智能数字化尺寸检测

近年来，随着我国经济实力的增强和人民生活水平的提高，人们对建筑的外观要求也越来越高，尤其是交通建筑、体育场馆和标志性建筑。这些建筑的外形比较复杂，没有简单的平面概念，其结构布置呈复杂的空间形态甚至扭曲形态。这些复杂空间结构，在施工过程中或竣工后，采用传统的尺寸检测手段只能测得一些标志点的尺寸和空间位置是否满足要求，而不能测得结构整体在每一点的尺寸和空间位置，也就不能检测出结构整体的精确尺寸，从而可能导致后期的幕墙、屋面、设备等安装困难，工程质量难以保证。由于没有精确的数字化施工竣工模型，这些工程在后期的施工运维中只能采用设计模型，但设计模型一般很难反映结构的真实竣工尺寸；尤其是复杂空间结构，施工偏差往往很大，而设备管线一般是根据结构竣工形态进行布置，需重新进行现场测量，工作量大，效率低。

在复杂空间结构的施工中，采用三维激光扫描技术进行全过程扫描，可精准地获得结构的整体尺寸和真实的数字化竣工模型，解决传统检测手段的不足。但进行扫描后，点云数据量大且数据噪点多，人工进行数据的降噪、配准和拼装，工作效率低，成本高，且人工处理数据的标准不统一，可能造成较大的人为误差。因此，需要将点云数据与智能算法相结合，形成复杂空间结构的智能数字化尺寸检测技术。本书结合一个复杂网架结构和一个扭曲高耸结构的施工，开展了复杂空间结构的智能数字化尺寸检测研究和成果应用，取得了良好的研究和应用成果，可为此类工程结构的整体尺寸检测提供参考。

7.1 复杂空间结构工程背景

本章研究工作结合的两个实际工程分别是泸州高铁站和成都大运会火炬塔，其中泸州高铁站是一个复杂钢网架结构，而成都大运会火炬塔是一个扭曲高耸钢结构。

泸州高铁站（图 7.1-1）位于四川省泸州市马潭区境内，总建筑面积 39998m²，建筑高度 40.2m。此工程主要包括侧式站房和高架站房两部分，侧式站房网架结构最大跨度为 81m，高架站房网架结构最大跨度为 54m，高架站房网架结构最高点到地面高度约为 28m；网架均采用焊接球连接。本工程的网架结构杆件数量多达 7800 个，焊接球数量多达 1800 个，传统测量方法很难高效、快速、精准地完成焊接球、杆件和网架结构的整体尺寸检测。

成都大运会火炬塔（图 7.1-2）属于典型的高耸扭曲复杂空间钢结构。结构塔身高度 31m，寓意第 31 届世界大学生夏季运动会；塔身由 16 根螺旋上升的变截面圆形截面钢管组成，传统的尺寸检测技术难以对结构的整体尺寸进行精准检测。

针对泸州高铁站和成都火炬塔工程，本章开展了基于三维激光扫描技术和智能算法的复杂空间结构智能数字化尺寸检测研究，包括网架构部件智能数字化尺寸检测、网架结构智能数字化尺寸检测和复杂管结构智能数字化尺寸检测。

图 7.1-1　泸州高铁站

图 7.1-2　成都大运会火炬塔

7.2　网架构部件智能数字化尺寸检测

7.2.1　网架构部件点云数据获取与配准

　　为了提高网架构部件尺寸检测的效率，可采用三维激光扫描仪同时获取大量杆件和焊接球的点云数据；图 7.2-1 为在实验室内采集网架杆件和球节点的场景。根据扫描现场的实际情况和获取人员的专业知识，制定的扫描站点数量为 4，纸标靶的数量为 4，各扫描站点和纸标靶布置见图 7.2-1。各扫描站点获取的点云数据配准过程可参考 4.2.1 节，配准结果见图 7.2-2。

图 7.2-1　网架构部件点云数据的获取场景

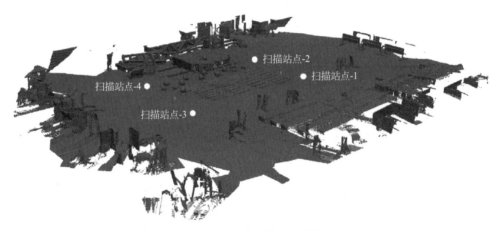

图 7.2-2　配准后的点云数据

7.2.2　网架构部件点云数据提取

以扫描站点的凸包为依据，采用基于凸包的点云数据分割算法对配准后的点云数据进行处理，得到粗提取的网架构部件点云数据，见图 7.2-3；由图中可见，粗提取的网架构部件点云数据包含地面和屋盖的点云数据，需要进一步处理。采用随机采样一致性算法对粗提取的网架构部件点云数据进行检测，得到地面点云数据，见图 7.2-4。计算地面点云数据的 Z 轴坐标均值 Z_{mean}，从粗略的网架构部件点云数据中提取 Z 轴坐标在区间 $[Z_{mean}+0.1h，Z_{mean}+h]$ 内的点云数据（h 表示螺栓球的最大直径），从而实现网架构部件点云数据的精提取（图 7.2-5）。为了克服噪点的影响，采用 Radius outlier removal 滤波器[1]对精提取的网架构部件点云数据进行去噪。

7.2.3　网架构部件点云数据分割与识别

采用 DBSCAN 算法对粗提取的网架构部件点云数据进行分割，得到每个构部件的点云数据。图 7.2-6 给出了网架构部件点云数据的分割结果，不同的构部件用不同颜色进行

图 7.2-3 粗提取的网架构部件点云数据

图 7.2-4 地面点云数据的检测
（蓝色点为被检测出的地面点云数据）

图 7.2-5 精提取的网架构部件点云数据

表示。由于焊接球和杆件的几何特征具有明显差异，采用线性特征指标 L_λ 对每个构部件的点云数据进行识别。L_λ 可按下式进行计算[2]：

$$L_\lambda = \frac{\lambda_1 - \lambda_2}{\lambda_1} \tag{7.2-1}$$

上式中，$\lambda_1 \geqslant \lambda_2 \geqslant \lambda_3 \geqslant 0$ 表示每个构部件点云数据的协方差矩阵通过奇异值分解得到的特征值，详见 3.2.4 节。L_λ 临界值是对精准识别网架构部件点云数据的基础，采用支持向量机进行确定。图 7.2-7 为支持向量机的训练数据，训练数据包含 20 个球点云数据和 20 个圆管点云数据。支持向量机所确定的 L_λ 临界值为 0.80，见图 7.2-8。当 $L_\lambda > 0.80$ 时，当前构部件点云数据为圆管点云数据；当 $L_\lambda < 0.80$ 时，当前构部件点云数据为球点云数据。图 7.2-9 给出了网架构部件点云数据识别的结果，从图可以看出，球和圆管均被正确地识别出，验证了算法的可行性。

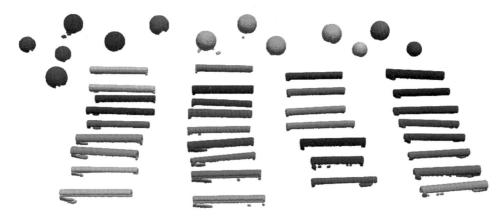

图 7.2-6　网架构部件点云数据的分割

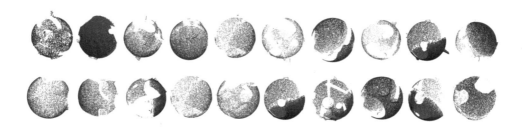

(a) 球点云数据

(b) 圆管点云数据

图 7.2-7　支持向量机的训练数据

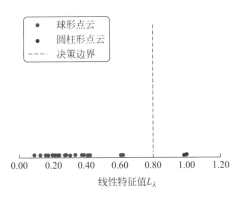

图 7.2-8 L_λ 临界值的确定

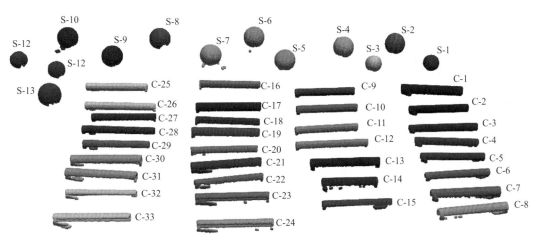

图 7.2-9 目标点云数据的识别
（C 表示圆杆，S 表示球）

7.2.4 网架构部件智能数字化尺寸检测

网架构部件尺寸检测包括焊接球和圆杆两个部分，尺寸偏差的类型和允许值均参考《钢结构工程施工质量验收标准》GB 50205—2020[3]。

1. 焊接球

焊接球尺寸检测包括直径和圆度两个方面。直径的偏差 δ_{s1} 的计算公式为：

$$\delta_{s1} = d_{sa} - d_{sd} \tag{7.2-2}$$

上式中，d_{sa} 和 d_{sd} 分别表示焊接球的竣工直径和设计直径。通过 3.3.1 节的随机采样一致性算法对球点云数据进行球拟合可获得 d_{sd}。

圆度的偏差 δ_{s2} 的计算公式为[4]：

$$\delta_{s2} = r_{max} - r_{min} \tag{7.2-3}$$

上式中，r_{max} 和 r_{min} 分别表示球点云数据到球心距离的最大值和最小值。《钢结构工程施工质量验收标准》GB 50205—2020 的 7.5.9 条给出了焊接球直径和圆度的验收标准，见表 7.2-1。

焊接球加工的允许偏差[3]

表 7.2-1

偏差类型	焊接球设计直径（mm）	允许偏差值（mm）
δ_{s1}	$d_{sd} \leqslant 300$	± 1.5
δ_{s2}		1.5
δ_{s1}	$300 < d_{sd} \leqslant 500$	± 2.5
δ_{s2}		2.5
δ_{s1}	$500 < d_{sd} \leqslant 800$	± 3.5
δ_{s2}		3.5
δ_{s1}	$d_{sd} > 800$	± 4.0
δ_{s2}		4.0

图 7.2-10 为焊接球直径检测的结果；从图可以看出，3 个焊接球的直径偏差不满足规范要求。图 7.2-11 为焊接球的圆度检测结果；从图可以看出，编号 1、3、7、8、9 焊接

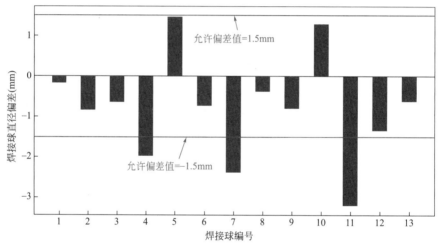

图 7.2-10 焊接球直径的检测

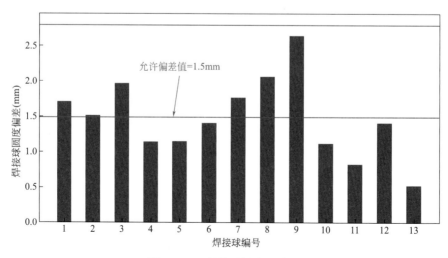

图 7.2-11 焊接球圆度的检测

球的圆度偏差超过了规范允许值。

2. 圆杆

圆杆尺寸检测主要包括直径、长度、弯曲矢高和端面垂直度。直径偏差 δ_{c1} 的计算公式为：

$$\delta_{c1} = d_{ca} - d_{cd} \tag{7.2-4}$$

上式中，d_{ca} 和 d_{cd} 分别表示圆杆的竣工直径和设计直径。

长度偏差 δ_{c2} 的计算公式为：

$$\delta_{c2} = L_a - L_d \tag{7.2-5}$$

上式中，L_a 和 L_d 分别表示圆杆的竣工长度和设计长度。

弯曲矢高 δ_{c3} 定义为圆杆中线轴线点到直线 l_{qz} 的最大距离，l_{qz} 表示中心轴线起点和终点之间连线，见图 7.2-12。圆杆的中心轴线点可采用基于混合法的中心轴线检测算法（3.3.5 节）进行检测，结果见图 7.2-13，可见有效检测出了中心轴线。

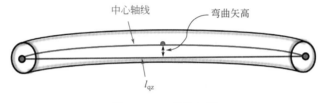

图 7.2-12　弯曲矢高

(a) 圆杆1	(b) 圆杆4
(c) 圆杆8	(d) 圆杆15

图 7.2-13　混合法检测圆杆的中线轴线

（红色点为圆杆点云数据，黄色点为被检测出的中心轴线点）

端面垂直度 δ_{c4} 的计算公式为：

$$\delta_{c4} = \theta_c d_{ca} \tag{7.2-6}$$

上式中，θ_c 表示端面法向量和直线 l_{qz} 的夹角。

《钢结构工程施工质量验收标准》GB 50205—2020 的 8.5.7 条规定了钢管构件外形尺寸的允许偏差，见表 7.2-2。

钢管构件外形尺寸的允许偏差[3]　　　　　　　　　　表 7.2-2

偏差类型	允许偏差值（mm）
δ_{c1}	$\pm d_{cd}/250$ 且不超过 ± 5
δ_{c2}	± 3.0

偏差类型	允许偏差值（mm）
δ_{c3}	$L_d/1500$ 且不大于 5
δ_{c4}	$0.002d_{cd}$ 且不大于 3

图 7.2-14 给出了圆杆的直径检测结果；从图中可以看出，本次检测的杆件中，只有 4 根杆件的直径偏差满足规范要求。图 7.2-15 给出了圆杆的长度检测结果，从图可以看出，所有圆杆的长度偏差合格率为 64%。图 7.2-16 给出了圆杆的弯曲矢高检测结果；从图中可以看出，所有圆杆的弯曲矢高合格率为 100%。图 7.2-17 给出了圆杆的端面垂直度检测结果；从图中可以看出，本次检测的圆杆的端面垂直度合格率为 0%。

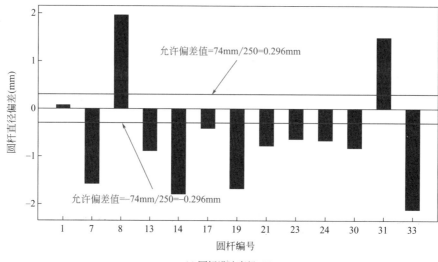

(a) 圆杆设计直径=74mm

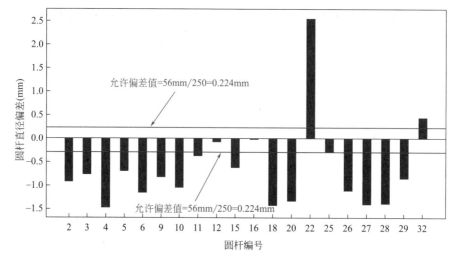

(b) 圆杆设计直径=56mm

图 7.2-14　圆杆的直径检测

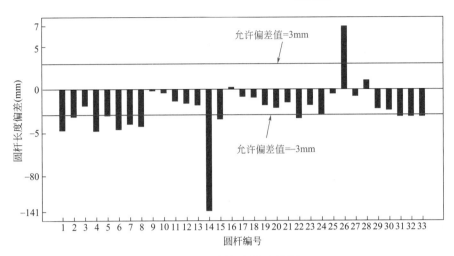

图 7.2-15 圆杆的长度检测

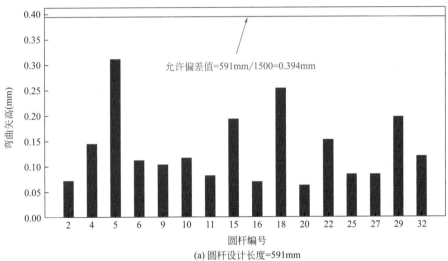

(a) 圆杆设计长度=591mm

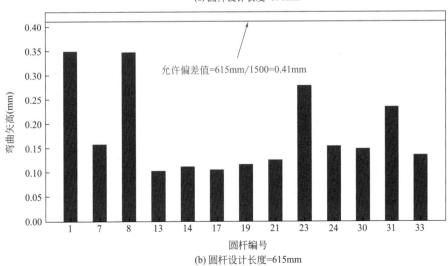

(b) 圆杆设计长度=615mm

图 7.2-16 圆杆的弯曲矢高检测（一）

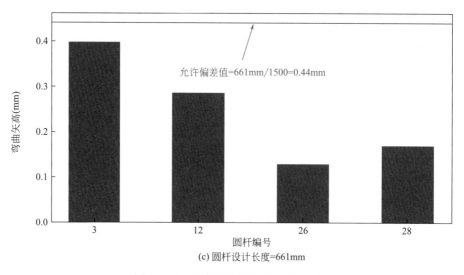

(c) 圆杆设计长度=661mm

图 7.2-16　圆杆的弯曲矢高检测（二）

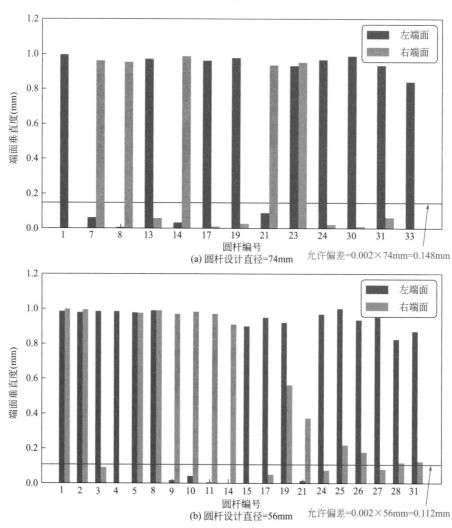

图 7.2-17　圆杆的端面垂直度检测

7.3 网架结构智能数字化尺寸检测

7.3.1 网架结构整体点云数据获取

对于网架结构的尺寸检测，需要扫描的焊接球和杆件数量众多，且扫描对象之间存在严重的相互遮挡，仅仅依靠专业人员经验而制定的扫描方案难以兼顾目标点云数据的完整性和扫描效率。为此，需要开展网架结构扫描方案智能优化的相关研究。本节以泸州高铁站为例，介绍网架结构扫描方案智能优化的具体步骤。

1. 数据提取

基于三维 CAD 的线模和建筑设计图纸，建立面向网架结构扫描方案智能优化的三维场景（图 7.3-1）。焊接球和杆件为扫描对象，地面和不同标高的平台段为三维激光扫描仪的扫描平台，墙体和柱均被视为遮挡物。基于全局坐标系，任意扫描站点 (x_g, y_g, z_g) 需满足以下条件：

$$\begin{cases} x_g = x, & 0 \leqslant x \leqslant L \\ y_g = y, & 0 \leqslant y \leqslant W \\ z_g = G(x, y) + h_s & 0.5 \leqslant h_s \leqslant 2 \end{cases} \tag{7.3-1}$$

$$S(x, y) = \begin{cases} 13 & (x \in [6.6, 21.5] \bigcup [L-21.5, L-6.6]) \& (y \in [0, 18]) \\ 7.45 & (x \in [6.6, 21.5] \bigcup [L-21.5, L-6.6]) \& (y \notin [0, 18]) \\ 0 & \text{其他} \end{cases}$$

$$\tag{7.3-2}$$

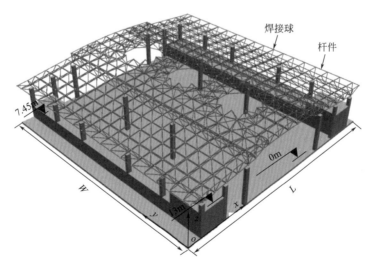

图 7.3-1 泸州高铁站

上式中，L 和 W 分别为扫描平台的长度和宽度，分别取值为 124.1m 和 121.2m；h_s 为扫描仪高度，取值 1.5m；函数 $S(x, y)$ 表示扫描平台的标高函数。为了可视性分析，建立焊接球和杆件的轴对齐包围盒和有向包围盒（图 7.3-2），焊接球和杆件的轴对齐包围盒分别记为 R_s 和 R_c；建立遮挡物的有向包围盒，记为 Ω。(x_g, y_g, z_g)、焊接球和杆件的有向包围盒、R_s、R_c 和 Ω 构成了网架结构扫描方案智能优化的输入数据。

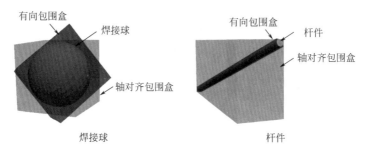

图 7.3-2　扫描对象的有向包围盒（红）与轴对齐包围盒（绿）

2. 可视性分析

可视性分析用于确定当前扫描站点下所有可见的扫描对象，可视性分析包括两个步骤：距离筛选和包围框碰撞检测。距离筛选时，对于任意扫描站点 g（x_g，y_g，z_g），需计算属于扫描范围内的目标集，扫描范围内的焊接球集合 Γ_s 与杆件集合 Γ_c 分别为：

$$\Gamma_s = \{ s \mid (x_g - x_s)^2 + (y_g - y_s)^2 \leqslant r^2,\ s \in [1,\ S] \} \tag{7.3-3}$$

$$\Gamma_c = \left\{ c \mid \left(x_g - \frac{x_{c1} + x_{c2}}{2} \right)^2 + \left(y_g - \frac{y_{c1} + y_{c2}}{2} \right)^2 \leqslant r^2,\ c \in [1,\ C] \right\} \tag{7.3-4}$$

$$r = \sqrt{r_s^2 - (H - z_g)^2} \tag{7.3-5}$$

上式中，s 与 c 分别为球与圆杆的索引；S 与 C 分别为焊接球与圆杆的总数量；（x_s，y_s）为第 s 个球的球心平面坐标；（x_{c1}，y_{c1}）与（x_{c2}，y_{c2}）为第 c 个圆杆的两个端点平面坐标；r_s 为合理扫描距离；H 为网架结构的顶点标高，取值 28.1m。包围框碰撞检测时，采用以下策略可显著减少计算量：首先进行轴对齐包围盒碰撞检测，以实现粗碰撞检测；再进行有向包围盒碰撞检测，以实现精细碰撞检测。焊接球可视性分析（图 7.3-3）包括的具体步骤为：（1）基于被分析的第 s 个球心坐标和扫描站点（x_g，y_g，z_g）的坐标建立轴对齐包围盒 SG 和线段 L_{sg}；（2）将 SG 分别与 R_s 和 R_c 进行碰撞检测，发生碰撞的轴对齐包围盒标记为 Γ_s^{field} 和 Γ_c^{field}；（3）线段 L_{sg} 分别与 Γ_s^{field} 中的有向包围盒、Γ_c^{field} 中的有向包围盒以及 Ω 进行碰撞检测，如有任意有向包围盒与线段 L_{sg} 发生碰撞[5]，则判别焊接球 s 对扫描站点（x_g，y_g，z_g）不可见，同时焊接球可视性标识 $V(s)$ 赋值为 0。焊接球可视性分析的数学过程为：

$$V(s) = \begin{cases} 1 & \upsilon_s(\Gamma) = 1,\ \Gamma \in \{ \Gamma_s^{\text{field}},\ \Gamma_s^{\text{field}},\ \Omega \} \\ 0 & \text{其他} \end{cases} \tag{7.3-6}$$

$$\upsilon_s(\Gamma) = \begin{cases} 1 & \tau(L_{sg},\ OBB_j) = 1,\ \forall s \neq j \in \Gamma,\ \Gamma = \Gamma_s^{\text{field}} \\ 1 & \tau(L_{sg},\ OBB_j) = 1,\ \forall j \in \Gamma,\ \Gamma \in \{ \Gamma_c^{\text{field}},\ \Omega \} \\ 0 & \text{其他} \end{cases} \tag{7.3-7}$$

$$\tau(L,\ OBB) = \begin{cases} 0 & L\ 与\ OBB\ 相交 \\ 1 & \text{其他} \end{cases} \tag{7.3-8}$$

上式中，OBB_j 表示第 j 个焊接球或杆件的有向包围盒。杆件可视性分析（图 7.3-4）包括以下具体步骤：（1）将被分析的第 c 个圆杆均分为 6 段，将圆杆端点以外的 5 个杆件节点记为 c_1 至 c_5；（2）按照焊接球的可视性分析流程依次对 c_1 至 c_5 开展可视性分析；

（3）当 c_1 至 c_5 中有三个及以上的点被扫描站点可见，则圆杆可视性标识 $V(c)$ 赋值为 1。圆杆可视性分析的数学过程为：

$$V(c) = \begin{cases} 1 & \upsilon_c(\Gamma) = 1, \ \Gamma \in \{\Gamma_s^{field}, \ \Gamma_s^{field}, \ \Omega\} \\ 0 & \text{其他} \end{cases} \tag{7.3-9}$$

$$\upsilon_c(\Gamma) = \begin{cases} 1 & \sum_{i=1}^{5} \tau(L_{cig}, \ OBB_j) \geqslant 3, \ \forall c \neq j \in \Gamma, \ \Gamma = \Gamma_c^{field} \\ 1 & \sum_{i=1}^{5} \tau(L_{cig}, \ OBB_j) \geqslant 3, \ \forall j \in \Gamma, \ \Gamma \in \{\Gamma_s^{field}, \ \Omega\} \\ 0 & \text{其他} \end{cases} \tag{7.3-10}$$

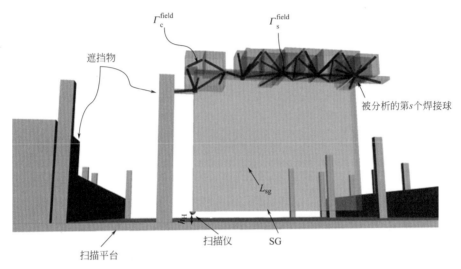

图 7.3-3 焊接球可视性分析

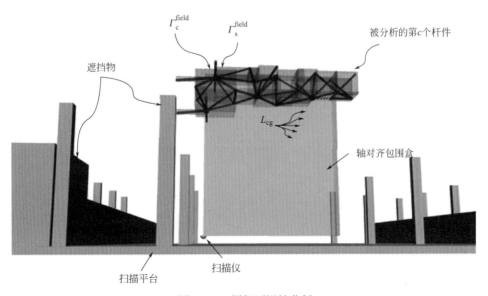

图 7.3-4 圆杆可视性分析

3. 优化数学模型建立

优化数学模型通常包括目标函数和约束条件。在给定扫描站点数量 n 时，目标函数 F 为可视的螺栓球和杆件的占比，采用下式进行计算：

$$F(g_1, g_2, \cdots, g_n) = \frac{Num(\bigcup_{i=1}^{n} s_v(g_i)) + Num(\bigcup_{i=1}^{n} c_v(g_i))}{S + C} \times 100\%$$

$$(7.3\text{-}11)$$

上式中，g_i 表示第 i 个扫描站点；s_v 与 c_v 分别代表扫描站点 g_i 可视的焊接球索引和杆件索引；$Num(\cdot)$ 表示统计元素的数量。约束条件包括点云数据的精度、点云数据的分辨率和点云数据的可配准性。

点云数据的精度可通过合理扫描距离 r_s 和入射角 α 而保证：对应 Faro S150 的三维激光扫描仪，r_s 可取 40m；α 应限制在 $60°$ 以内，取值 $45°$[6]。入射角通过下式进行计算（图7.3-5）：

$$\alpha = \arccos \frac{d_c}{\rho}$$

$$(7.3\text{-}12)$$

上式中，d_c 为扫描站点到杆件轴线的垂直距离，ρ 为扫描站点到杆件节点的距离。可视性分析时，应考虑入射角限制条件，则式（7.3-8）可改写为：

$$\tau(L, OBB) = \begin{cases} 1 & L \bigcap OBB \in \varnothing \ \& \ \frac{d_o}{\rho_o} \in \left[\frac{\sqrt{2}}{2}, 1\right] \\ 0 & 其他 \end{cases}$$

$$(7.3\text{-}13)$$

上式中，ρ_o 为扫描站点与目标点的距离；对于螺栓球，$d_o = \rho_o$；对于杆件，$d_o = d_c$。

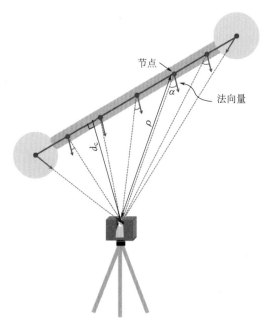

节点

法向量

图 7.3-5　入射角计算的示意图

对于每个目标点，点云数据的分辨率 LOD 可按下式进行计算（图7.3-6）：

$$LOD = \frac{\rho_o^2}{d_o^2} \Delta(d_o - r) \tag{7.3-14}$$

上式中，r 表示螺栓球或者杆件的半径；Δ 为三维激光扫描仪的扫描分辨率，取值 $0.036°$。由于螺栓球和杆件的尺寸拟合对点云数据的分辨率要求不高，则 LOD 的限值 D_{limt} 设为 $0.025\mathrm{m}$[7]。可视性分析时，应考虑点云数据分辨率的限制条件，则式（7.3-8）可进一步改写为：

$$\tau(L,\ OBB) = \begin{cases} 1 & L \bigcap OBB \in \varnothing \ \& \ \dfrac{d_o}{\rho_o} \in \left[\dfrac{\sqrt{2}}{2},\ 1\right] \ \& \ \dfrac{\rho_o^2}{d_o^2}\Delta(d_o - r) \leqslant D_{limt} \\ 0 & \qquad\qquad\qquad\qquad\qquad 其他 \end{cases}$$

$$\tag{7.3-15}$$

各站的扫描点云数据需要通过配准基准点统一到同一坐标系下，配准基准点选用焊接球。为保证点云数据的可配准性，待配准的两站扫描点云数据对应的可视焊接球集至少有三个重叠元素（图 7.3-7）。为了简化数学模型，点云数据可配准性通过 $SA \geqslant \pi L_{avg}^2$ 保证，SA 为待配准的两站扫描站点所对应平面扫描范围的重叠面积，L_{avg} 为杆件的平均长度。$A \geqslant \pi L_{avg}^2$ 等价下式：

$$\phi_1 = \arccos\left(\frac{r_1^2 + dist^2 - r_2^2}{2r_1 dist}\right) \tag{7.3-16}$$

$$\phi_2 = \arccos\left(\frac{r_2^2 + dist^2 - r_1^2}{2r_2 dist}\right) \tag{7.3-17}$$

$$r_1^2 \phi_1 + r_2^2 \phi_2 - r_1 dist \sin(\phi_1) \geqslant \pi L_{ave}^2 \tag{7.3-18}$$

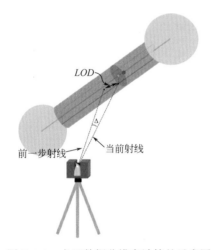

图 7.3-6 点云数据分辨率计算的示意图

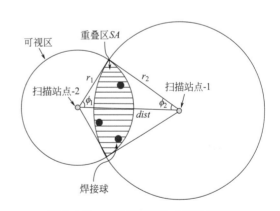

图 7.3-7 基于焊接球的点云数据配准

上式中，r_1 和 r_2 分别为待配准的两站扫描站点所对应平面扫描半径。采用普里姆算法[8] 确定扫描点云数据的配准关系图，具体步骤如下：（1）以各扫描站点之间的欧式距离为依据，建立各扫描站点的 k-d 树；（2）以各扫描站点为顶点，扫描站点之间的欧式距离为边的权重，形成图结构（图 7.3-8a）；（3）基于图结构，以任意扫描站点为起点，寻找最小权重的边来构建最小生成树（图 7.3-8b）。

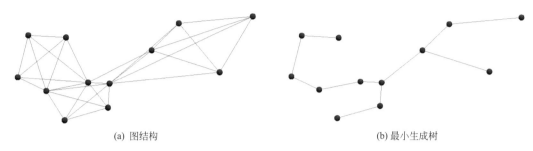

(a) 图结构　　　　　　　　　(b) 最小生成树

图 7.3-8　配准关系图

4. 优化数学模型求解

优化数学模型求解可采用 4.3.1 节中的贪心算法进。此外，结合网架结构的特点，提出了两阶段方法求解优化数学模型：第一阶段确定扫描站点数的理论值；第二阶段采用启发式算法确定扫描站点的最优布置。

第一阶段的问题可转化为以最少数量的圆覆盖正方形的问题，正方形边长取为扫描平台的长度 124.1m，圆半径取为各候选扫描站点平面扫描半径的最小值 30m。当正方形边长与圆半径之比不大的时候，圆的最小数量 n_{min} 可确定为 9。第二阶段优化时，采用增强精英保留的遗传算法确定扫描站点的最优布置，种群数设置为 200，扫描站点数大于 9，变异概率设置为 0.8，最大进化代数 M 取值如下：

$$M=\begin{cases}250 & 9<n\leqslant 12\\500 & 12<n\leqslant 16\\750 & 16<n\end{cases}\tag{7.3-19}$$

将扫描平台进行平面网格化，网格的尺寸 $s_t=5m$，每一个网格点（x_i，y_i）代表一个基因。种群采用实数编码方式，见图 7.3-9。

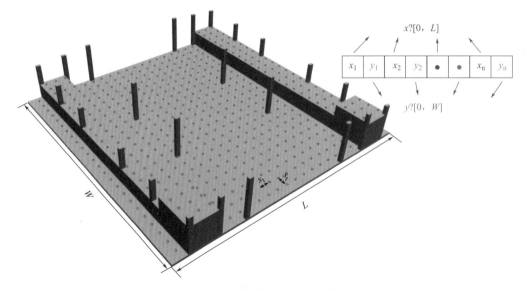

图 7.3-9　候选扫描站点及其编码方式

图 7.3-10 给出了扫描站点数和覆盖率的关系曲线，从图中可以看出：（1）为了保证目标函数达到 95％，所需要的扫描站点数为 18；（2）扫描站点数小于等于 12 时，两阶段方法较好；扫描站点数大于 12 小于 18 时，贪心算法较好；当扫描站点数大于等于 18 时，两者相近。

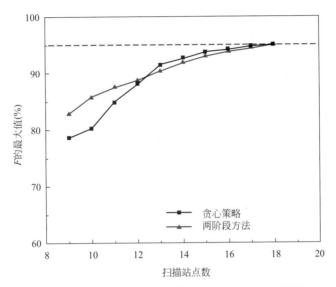

图 7.3-10　扫描站点数和目标函数最大值的关系曲线

图 7.3-11 给出了增强精英保留的遗传算法的收敛曲线，从图中可以看出，增强精英保留的遗传算法表现出较好的收敛性。图 7.3-12 给出了两阶段方法和贪心算法所得扫描站点布置图。

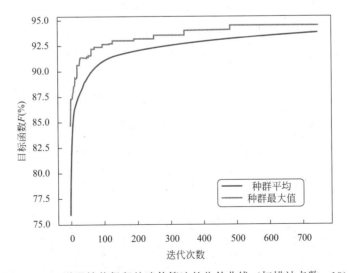

图 7.3-11　增强精英保留的遗传算法的收敛曲线（扫描站点数＝18）

考虑到施工现场具有更多的遮挡物，包括施工防护网、施工器具、脚手架等，实际扫描需要增加扫描站点以便确保点云数据的质量，最终的扫描站点布置见图 7.3-13。

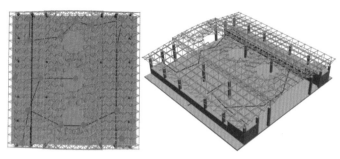

(a) 贪心算法

(可视对象占比：95.08%；可视螺栓球占比：98.0%；可视圆杆占比：94.3%)

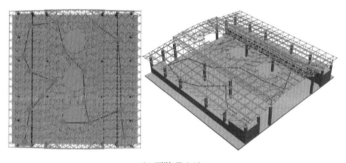

(b) 两阶段方法

(可视对象占比：95.13%；可视螺栓球占比 98.4%；可视圆杆占比：94.3%)

图 7.3-12　扫描站点布置（扫描站点数＝18）

图 7.3-13　实际扫描站点布置图

7.3.2 点云数据配准

表 7.3-1 为 22 站扫描点云数据的数据点数量。为了减少计算规模，采用体素化降采样算法和 Statistical outlier removal 滤波器对扫描点云数据进行下采样、滤波等预处理，典型的扫描点云数据见图 7.3-14。

扫描点云数据的数量统计   表 7.3-1

扫描站点	原始/预处理后	扫描站点	原始/预处理后
1 号	13988195/5368352	12 号	37703339/12295436
2 号	16275140/7570197	13 号	56738434/14511595
3 号	15392697/7544656	14 号	54680413/14092693
4 号	13397295/9125325	15 号	36803597/13461163
5 号	13707609/9275676	16 号	13339396/6231241
6 号	12143921/7807302	17 号	13152792/5565005
7 号	21742499/9807240	18 号	13997682/5975098
8 号	59541256/14504592	19 号	18719062/11503259
9 号	58729766/15087340	20 号	18436252/12229958
10 号	59910220/14766215	21 号	19826901/12062655
11 号	48133412/14796388	22 号	20296745/11724683

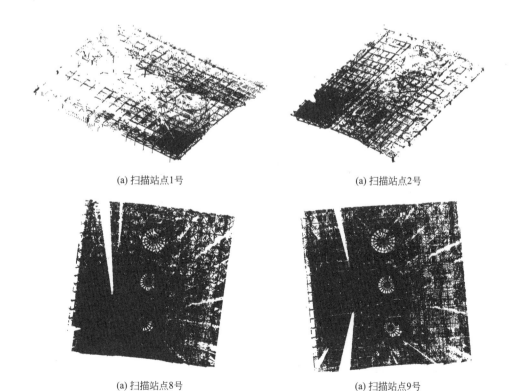

(a) 扫描站点1号   (a) 扫描站点2号

(a) 扫描站点8号   (a) 扫描站点9号

图 7.3-14 典型的扫描点云数据

焊接球被选为配准基准点，考虑到每一站点获取的扫描点云数据包含大量的焊接球，基于配准基准点全排列的点云数据配准算法（3.5.3节）将面临着巨大计算量。此外，焊接球的排列表现出高度的规律性，快速四点一致集算法很难实现配准基准点的匹配。为此，采用提出的基于全局特征的点云数据配准算法。

面向网架结构的基于全局特征的点云数据配准算法具体步骤如下：

（1）给定目标点云数据集 $D_T = \{q_1, q_2, \cdots, q_m\}$ 和源点云数据集 $D_S = \{p_1, p_2, \cdots, p_n\}$；采用球标靶检测算法（3.3.6节）分别对 D_T 和 D_S 进行焊接球检测，得到目标焊接球球心集 $\{ST\}$ 和源焊接球球心集 $\{SS\}$；D_T、D_S、$\{ST\}$、$\{SS\}$ 的实例见图 7.3-15。

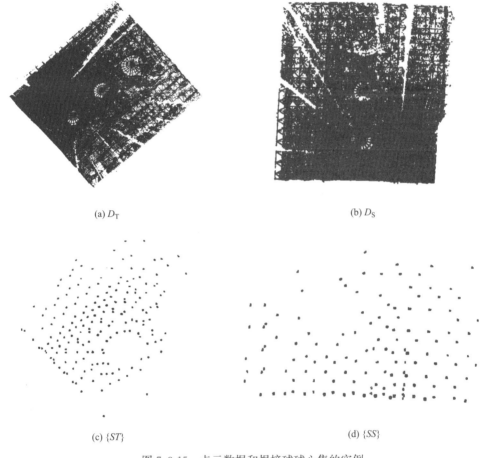

(a) D_T

(b) D_S

(c) $\{ST\}$

(d) $\{SS\}$

图 7.3-15　点云数据和焊接球球心集的实例

（2）将 D_T 和 D_S 向水平面进行投影，得到平面点云数据；采用有向包围盒法对平面点云数据的二值化图像进行处理，得到角点集 $\{q_t\}$ 和 $\{p_s\}$；$\{q_t\}$ 和 $\{p_s\}$ 的实例见图 7.3-16。

（3）分别从 $\{q_t\}$ 和 $\{p_s\}$ 中选出 3 个配准基准点进行全排列，对应每一个候选组合，按下式计算评价函数 g：

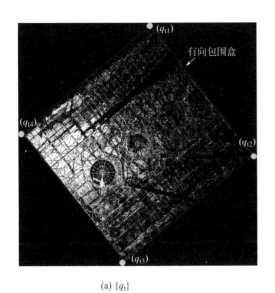

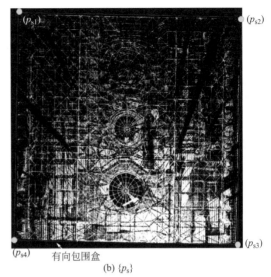

(a) {q_t}　　　　　　　　　　(b) {p_s}

图 7.3-16　角点集的实例

$$g = \sum_{i=1}^{NT} \sum_{j=1}^{NS} \eta \left(\sqrt{(ST_{ix} - SS_{jx}^T)^2 + (ST_{iy} - SS_{jy}^T)^2} \right) \tag{7.3-20}$$

$$\eta(\odot) = \begin{cases} 0 & \odot > \varepsilon \\ 1 & \odot \leqslant \varepsilon \end{cases} \tag{7.3-21}$$

上式中，SS_{jx}^T 和 SS_{jy}^T 分别表示配准后源焊接球 SS_j 的 x 和 y 坐标值，ST_{ix} 和 ST_{iy} 分别表示目标焊接球 ST_i 的 x 和 y 坐标值；NT 和 NS 分别为集合 $\{ST\}$ 和 $\{SS\}$ 的元素数量；$\eta(\odot)$ 为焊接球匹配的标识，$\eta(\odot) = 1$ 表示焊接匹配成功，$\eta(\odot) = 1$ 表示焊接球匹配失败；ε 为距离阈值。不同的候选组合产生不同的 g，最大 g 的实例见图 7.3-17。

（4）获取最大 g 所对应的成功匹配焊接球对，采用普氏分析算法对成功匹配焊接球对进行配准，实现 D_T 和 D_S 的粗配准（图 7.3-18a）。

（5）采用迭代最近邻算法对粗配准后的 D_T 和 D_S 进行配准，实现 D_T 和 D_S 的精细配准（图 7.3-18b）。

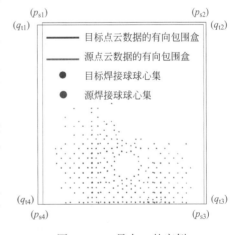

图 7.3-17　最大 g 的实例

为了评估基于全局特征的点云数据配准算法，分别从旋转矩阵误差 e_R 和平移矩阵误差 e_T 两个方面进行分析，旋转矩阵误差 e_R 和平移矩阵误差 e_T 通过下式进行计算：

$$e_R = \arccos\left(\frac{\mathrm{tr}(R_c) - 1}{2}\right) - \arccos\left(\frac{\mathrm{tr}(R_t) - 1}{2}\right) \tag{7.3-22}$$

$$e_T = \| T_c - T_t \| \tag{7.3-23}$$

上式中，R_c 和 T_c 分别表示基于全局特征的点云数据配准算法所确定的旋转矩阵和平

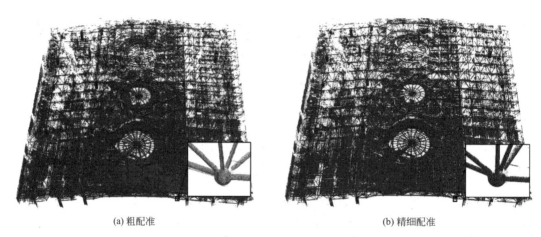

(a) 粗配准   (b) 精细配准

图 7.3-18 网架结构点云数据的配准

移矩阵；R_t 和 T_t 分别表示人工配准的旋转矩阵和平移矩阵。图 7.3-19 给出了 4 组扫描点云数据的配准结果，相应的评估情况见图表 7.3-2，从表可以看出，所提出的自动化配准方法准确性高。图 7.3-20 为 22 站扫描点云数据的配准结果。

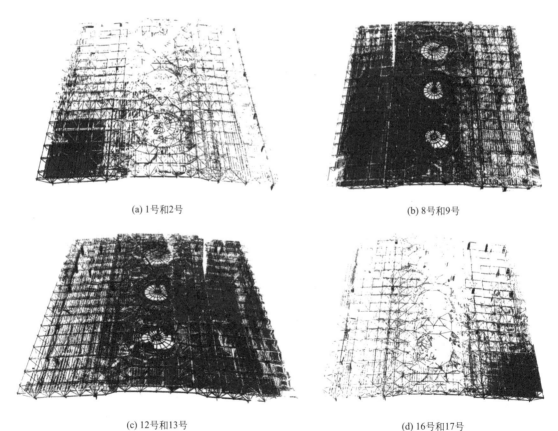

(a) 1号和2号   (b) 8号和9号

(c) 12号和13号   (d) 16号和17号

图 7.3-19 4 组扫描点云数据的配准结果

（红色表示目标点云数据，蓝色表示源点云数据）

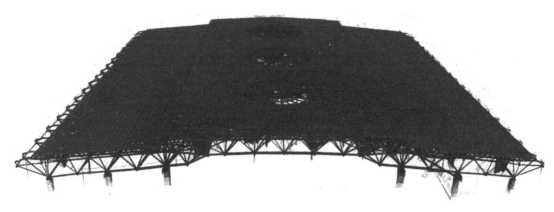

图 7.3-20　22 站扫描点云数据的配准结果

扫描点云数据的数量统计　　　　　　　　　　　表 7.3-2

目标点云数据	源点云数据	$e_R(°)$*			$e_T(mm)$
		e_x	e_y	e_z	
1 号	2 号	0	0	0	0.0001
8 号	9 号	0	0	0	0.00004
12 号	13 号	0	0	0	0.0002
17 号	18 号	0	0	0	0.00008

* e_x，e_y 和 e_z 分别表示 e_R 在 X，Y 和 Z 轴方向的分量。

7.3.3　网架结构点云数据提取

1. 焊接球点云数据提取

采用球标靶算法对配准后的点云数据进行处理，得到焊接球的点云数据。采用 DB-SCAN 算法对焊接球的点云数据进行分割，得到每一个焊接球的点云数据（图 7.3-21）。部分焊接球的点云数据因质量差而未被检测出，需进行人工提取。

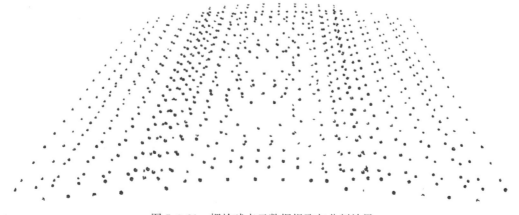

图 7.3-21　螺栓球点云数据提取与分割效果

2. 圆杆点云数据提取

网架结构中，圆杆连接着两个邻近的焊接球，这是圆杆点云数据提取的先验知识。图 7.3-22 给出了确定候选焊接球对的示意图，对于每个焊接球 0，通过 kNN 算法提取与其距离小于 L_{max} 的所有焊接球，得到候选的焊接球对（<0，1>、<0，2>、<0，4>、<0，5>、<0，6>、<0，7>、<0，8>、<0，9>）。L_{max} 表示圆杆长度的最大值。进一步，根据下面公式剔除不合理的连接（0-2）：

$$\theta_{ij} \leqslant \theta_{limit} \&\& L_i > L_j \tag{7.3-24}$$

上式中，$i，j \in [1，2，3，4，5，6，7，8，9]$；$\theta_{ij}$ 表示直线 0-i 与直线 0-j 的夹角；θ_{limit} 表示夹角限值，取值为 $10°$；L_i 和 L_j 分别表示直线 0-i 和直线 0-j 的长度。

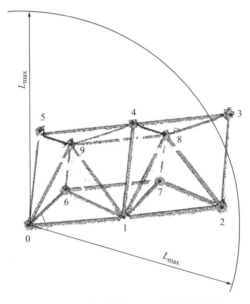

图 7.3-22　候选螺栓球对确定的示意图

为提高圆杆点云数据提取的速度，采用粗提取和精细提取相结合的策略。对于焊接球对<0，1>（图 7.3-23），圆杆点云数据提取的具体步骤如下：

（1）以直线 0-1 的中点 D_m 为中心，采用 kNN 算法提取距离点 D_m 小于 $L_1/2$ 的点云数据，完成圆杆点云数据的粗提取；

（2）为了克服焊接球点云数据的不利影响，选取线段 AB 基线；将线段 AB 平均分为 100 份，线段 0A 和线段 B1 的长度不小于焊接球半径的最大值；

（3）对于每一个线段节点，采用 kNN 算法提取与其距离小于 r_{bmax} 的点云数据，完成圆杆点云数据的精细提取；其中 r_{bmax} 表示杆件半径的最大值；

（4）统计能提取到点云数据的线段节点数量 m，$m < 50$ 时，不存储当前提取的点云数据；$m \geqslant 50$ 时，存储当前提取的点云数据，等待进一步处理和判断。

根据上述原理对泸州高铁站的点云数据进行处理，结果如图 7.3-24 所示；由图中可见，根据计算结果，一个焊接球对所提取的点云数据自动地归为一类，不需要进一步的分割处理。

图 7.3-25 给出了圆杆点云数据提取的对比图，从图中可以看出，基于曲率的圆杆点

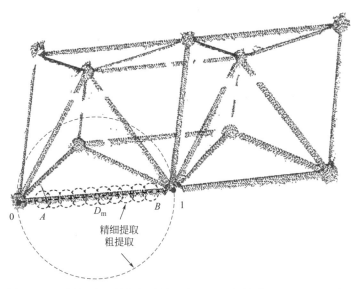

图 7.3-23 圆杆点云数据提取的示意图（以焊接球对<0，1>为例）

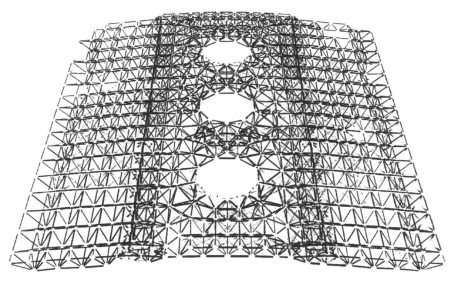

图 7.3-24 圆杆点云数据的提取结果

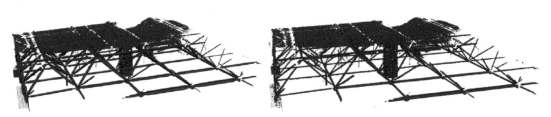

(a) 基于焊接球对的圆杆点云数据提取
(计算时间=11.7s)

(b) 基于曲率的圆杆点云数据提取
(计算时间=3232s)

图 7.3-25 圆杆点云数据提取的对比

云数据提取方法无法有效地处理真实场景点云数据，基于焊接球对的圆杆点云数据提取方法可以有效地克服噪点的影响，快速地完成圆杆点云数据的提取，达到 100% 的准确率。

7.3.4 网架结构自动化 BIM 逆向建模

根据 2.2.3 节的内容可知，网架结构的自动化逆向建模所需要数据包括球心坐标、球半径、圆杆的放样路径（起点和终点）、圆杆半径、布尔运算关系矩阵。

1. 焊接球

由于焊接球点云数据不含有噪点，采用最小二乘法对焊接球点云数据进行球拟合。焊接球可以通过球心坐标 (x_c, y_c, z_c) 和球半径 r 进行表示：

$$(x_i - x_c)^2 + (y_i - x_c)^2 + (z_i - x_c)^2 = r^2 \tag{7.3-25}$$

上式中，(x_i, y_i, z_i) 表示点 p_i 的坐标值。

x_c, y_c, z_c 和 r 可通过下式进行计算得到[9]：

$$\begin{bmatrix} -2x_c \\ -2y_c \\ -2z_c \\ x_c^2 + y_c^2 + z_c^2 - r^2 \end{bmatrix} = (E^T E)^{-1} E^T F \tag{7.3-26}$$

$$E = \begin{bmatrix} x_1 & y_1 & z_1 & 1 \\ x_2 & y_2 & z_2 & 1 \\ x_3 & y_3 & z_3 & 1 \\ x_4 & y_4 & z_4 & 1 \\ \bullet & \bullet & \bullet & \bullet \\ x_n & y_n & z_n & 1 \end{bmatrix} \tag{7.3-27}$$

$$F = \begin{bmatrix} -x_1^2 - y_1^2 - z_1^2 \\ -x_2^2 - y_2^2 - z_2^2 \\ -x_3^2 - y_3^2 - z_3^2 \\ -x_4^2 - y_4^2 - z_4^2 \\ \bullet \\ -x_n^2 - y_n^2 - z_n^2 \end{bmatrix} \tag{7.3-28}$$

图 7.3-26 给出了两个焊接球拟合的实例。

2. 圆杆

对于竣工的网架结构，焊接球对的球心连线与圆杆的中线轴线接近；为此，提出了面向网架结构的圆杆半径估计算法，具体步骤如下：

(1) 给定焊接球对 $<S_i, S_j>$ 和圆杆 C_k，见图 7.3-27（a）；垂直于球心连线 S_iS_j 对圆杆点云数据 C_k 进行切分，得到一系列的圆杆横截面点云数据；

(2) 采用随机采样一致性算法对圆杆横截面点云数据进行圆检测，得到一系列的圆心，结果见图 7.3-27（b）；

(3) 采用随机采样一致性算法对圆心进行直线检测，得到圆杆的中心轴线，结果见图 7.3-27（b）；

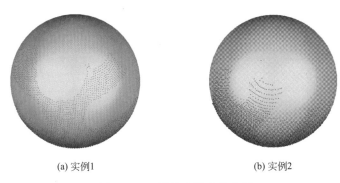

(a) 实例1   (b) 实例2

图 7.3-26　焊接球拟合的实例

（4）将圆杆点云数据向中心轴线的垂平面进行投影，采用随机采样一致性算法对投影后的点云数据进行圆检测，从而完成圆杆半径的估计，结果见图 7.3-27（c）。

为了进一步判断圆杆点云数据的可靠性，采用阈值法进行筛选，圆杆的竣工直径 d_{ca} 应不超过圆杆的最大设计直径的 1.1 倍且不低于圆杆的最小设计直径的 0.9 倍。

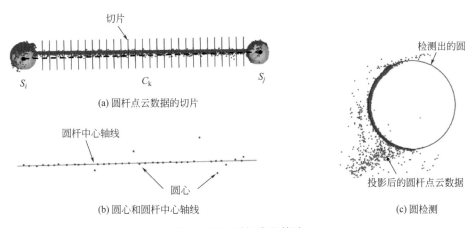

(a) 圆杆点云数据的切片

(b) 圆心和圆杆中心轴线

(c) 圆检测

图 7.3-27　圆杆半径估计

3. 关系矩阵

布尔运算的关系矩阵 **B** 定义如下：

$$B_{ij} = \begin{cases} 1 & C_j \text{ 和 } S_i \text{ 相连} \\ 0 & C_j \text{ 和 } S_i \text{ 不相连} \end{cases} \tag{7.3-29}$$

上式中，S_i 表示为第 i 个焊接球；C_j 表示为第 j 个圆杆；$B_{ij}=1$ 表示 C_j 被 S_i 切割，数学表达式为：

$$C_j = C_j \setminus S_i \tag{7.3-30}$$

由于焊接球对和圆杆存在一一对应关系，焊接球和圆杆的连接关系可直接获得。

竣工 BIM 模型可用于后续施工定位的基础，具有重要的价值。基于上述方法获得球心坐标、球半径、圆杆起点和终点、圆杆半径、布尔运算的关系矩阵等信息，并采用 2.2.3 节的 BIM 二次开发技术，可得到竣工 BIM 模型，结果见图 7.3-28。

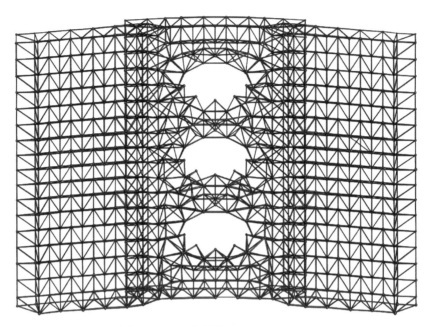

图 7.3-28　网架结构的竣工 BIM 建模

7.3.5　网架结构智能数字化尺寸检测

为简化数字化尺寸检测的难度，采用焊接球球心代替整个网架结构进行尺寸检测。根据泸州高铁站的 CAD 线模，导出焊接球的设计球心，结果见图 7.3-29。采用 7.3.2 节的配准方法对焊接球的设计球心和竣工球心进行配准，采用 kNN 算法计算各焊接球的施工偏差，施工偏差以彩色编码差异图进行显示，见图 7.3-30。由于 CAD 线模的球心未考虑自重引起的偏移，导致焊接球的设计球心和竣工球心存在较大的偏差。

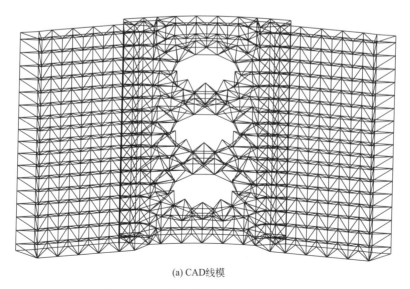

(a) CAD线模

图 7.3-29　焊接球设计球心的提取（一）

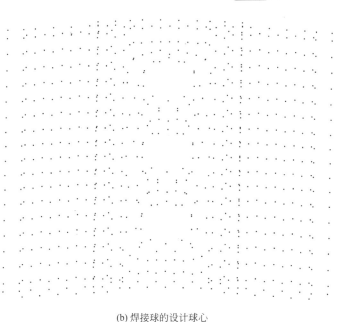

(b) 焊接球的设计球心

图 7.3-29　焊接球设计球心的提取（二）

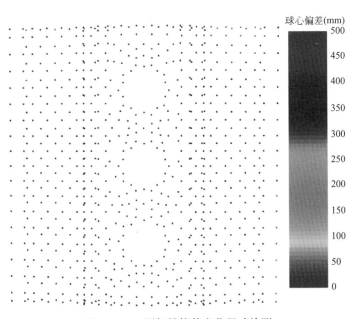

图 7.3-30　网架结构数字化尺寸检测

7.4　复杂管结构智能数字化尺寸检测

7.4.1　复杂管结构点云数据获取与配准

针对火炬塔的尺寸检测，根据施工现场的实际情况和获取人员的专业知识，制定的扫描站点数量为5，各扫描站点布置见图7.4-1。配准基准点采用球标靶，每站可视的球标靶数量均为6个。各扫描站点获取的点云数据配准过程参考4.2.1节，配准结果见图7.4-2。

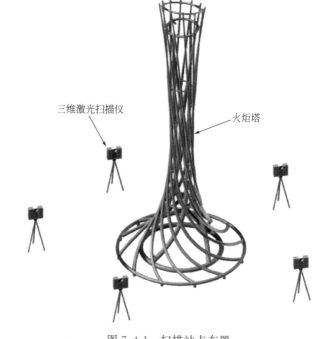

图7.4-1 扫描站点布置

图7.4-2 配准后的点云数据

7.4.2 复杂管结构点云数据提取

以扫描站点的凸包为依据，采用基于凸包的点云数据分割算法对配准后的点云数据进行处理，得到粗提取的复杂管结构点云数据（图7.4-3）。由图7.4-3可见，粗提取的复杂管结构点云数据包含平台的点云数据，需要进一步处理。采用随机采样一致性算法对粗提取的复杂管结构点云数据进行检测，得到平台点云数据（图7.4-4）。计算平台点云数据的

Z 轴坐标均值 Z_{mean}，从粗略的复杂管结构点云数据中提取 Z 轴坐标大于 Z_{mean} 的点云数据，从而实现复杂管结构点云数据的精提取（图 7.4-5）。为克服噪点的影响，采用 DB-SCAN 算法对精提取的复杂管结构点云数据进行分割，选取数量最大的簇点云数据。

图 7.4-3　粗提取的复杂管结构点云数据

图 7.4-4　平台点云数据的检测
（红色点为被检测出的平台点云数据）

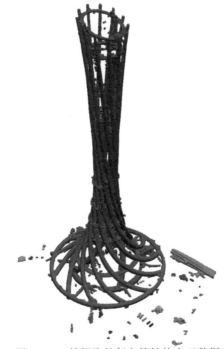

图 7.4-5　精提取的复杂管结构点云数据
（不同的簇点云数据用不同的颜色表示，最大的簇点云数据为目标点云数据）

7.4.3 复杂管结构点云数据分割

传统的点云数据分割算法不再适用于空间弯扭的管结构，为此，提出基于中心轴线的点云数据分割算法，包括管结构中心轴线检测、管结构中心轴线分割和管结构点云数据分割三个步骤。

1. 复杂管结构中心轴线检测

采用基于混合法的中心轴线检测算法（3.3.5 节）对复杂管结构点云数据进行检测，得到管结构中心轴线，见图 7.4-6。从图 7.4-6 中可以看出，复杂管结构中心轴线检测结果精准性较高。

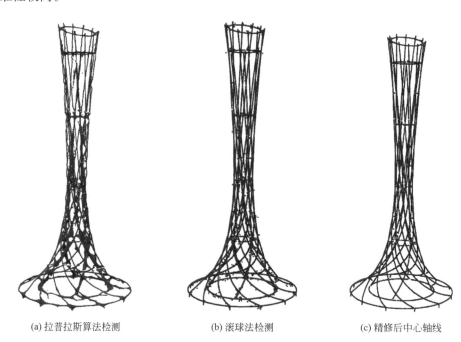

(a) 拉普拉斯算法检测　　　　　(b) 滚球法检测　　　　　(c) 精修后中心轴线

图 7.4-6　混合法检测管结构中心轴线

2. 复杂管结构中心轴线分割

复杂管结构中心轴线包括圆形和非圆形两种。对于圆形的管结构中心轴线，采用随机采样一致性算法进行检测，分割出圆形的管结构中心轴线。对于非圆形的管结构中心轴线，采用改进的区域增长算法进行分割（图 7.4-7），具体步骤如下：

（1）对于任意一个中心轴线点 p_i，采用 PCA 算法确定 p_i 邻域点云的主轴方向 v_i；

（2）随机选取种子点 S_i 作为区域增长的起始点，计算起始点与其 k 邻域点的主轴夹角 θ_{ij}，夹角计算的示意见图 7.4-8；选取满足 θ_{ij} 小于 20° 的邻域点加入点集 $\{S_c\}$，第一次区域增长后的 $\{S_c\}$ 为图 7.4-7 (a) 中的红色点；

（3）以点集 $\{S_c\}$ 的端点作为新的起始点，重复步骤 (2)，点集 $\{S_c\}$ 的新增部分为图 7.4-7 (b) 中的蓝色点和黄色点；当点集 $\{S_c\}$ 的数量不再增加时，分割出同一类别的管结构中心轴线，见图 7.4-7 (c) 中的红色点。

图 7.4-9 给出了复杂管结构中心轴线的分割结果，从图中可以看出，所有中心轴线均被准确地分割出来。

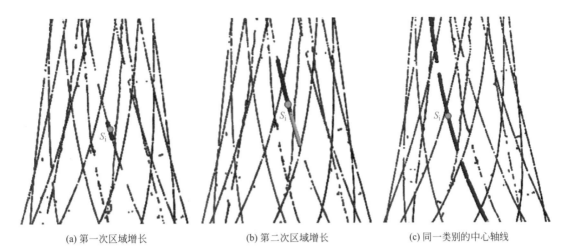

(a) 第一次区域增长　　　　(b) 第二次区域增长　　　　(c) 同一类别的中心轴线

图 7.4-7　非圆形管结构中心轴线的分割

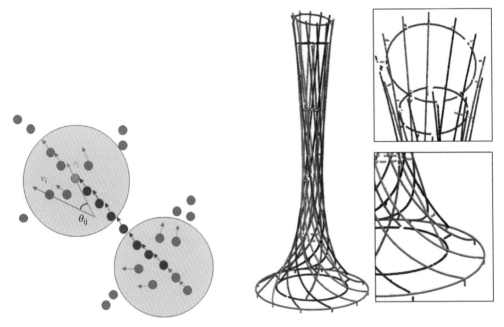

图 7.4-8　夹角计算的示意图　　　　图 7.4-9　复杂管结构中心轴线的分割

3. 复杂管结构点云数据分割

为实现复杂管结构点云数据的精准分割，以分割后的管结构中心轴线为基准，采用距离和角度双重约束对管结构点云数据进行提取。距离和角度双重约束的数学表达式为：

$$P = \{ p_i \mid (\mid d_i - r \mid < \omega \cdot r) \& (\mid \eta_i \mid < \varepsilon) \} \tag{7.4-1}$$

$$d_i = \parallel p_i - s_i \parallel \tag{7.4-2}$$

$$\eta_i = \arccos\left(\frac{v_{sp} \cdot n_p}{\parallel v_{sp} \parallel \parallel n_p \parallel} \right) \tag{7.4-3}$$

上式中，P 表示提取的管结构点云数据集；p_i 表示目标点云数据的任意一点；s_i 表示中心轴线上的任意一点；d_i 为 s_i 与 p_i 的欧式距离；r 为与 s_i 相对应的滚球半径；v_{sp} 表示向量 sp；n_p 为点 p_i 的法向量；w 和 ε 均为预设参数，分别取值为 0.05 和 0.1；各符号的示意见图 7.4-10。复杂管结构点云数据的分割结果见图 7.4-11，可见本节所提出的方法可以精确地分割复杂管结构的点云数据。

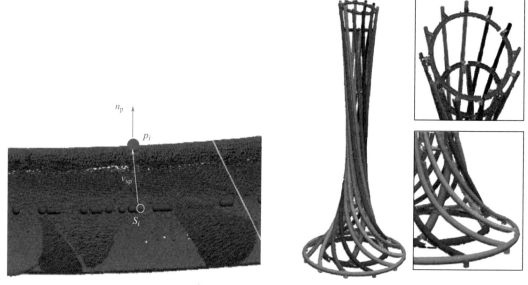

<table>
<tr><td>图 7.4-10　符号的示意图</td><td>图 7.4-11　复杂管结构点云数据分割</td></tr>
</table>

7.4.4　复杂管结构自动化逆向 BIM 建模

根据 2.2.2 节的内容可知，复杂管结构的自动化逆向建模所需要数据包括圆杆的放样路径（中心轴线）、圆杆半径、布尔运算关系矩阵。由 7.4.3 节获得的中心轴线点为圆杆放样路径上的点，采用 Catmull-Rom 算法[10] 对排序后的中心轴线点进行平滑处理（见图 7.4-12）：

$$p(u)=\begin{bmatrix}1 & u & u^2 & u^3\end{bmatrix}\begin{bmatrix}0 & 1 & 0 & 0\\ -\tau & 0 & \tau & 0\\ 2\tau & \tau-3 & 3-2\tau & -\tau\\ -\tau & 2-\tau & \tau-2 & \tau\end{bmatrix}\begin{bmatrix}p_{i-2}\\ p_{i-1}\\ p_i\\ p_{i+1}\end{bmatrix} \tag{7.4-4}$$

中心轴线点

$\tau=0.2$

$\tau=0.75$

$\tau=0.5$

图 7.4-12　中心轴线的平滑处理

上式中，$p(u)$ 为平滑化后的中心轴线点；u 为自变量，取值 0 到 1；p_{i-2}、p_{i-1}、p_i、p_{i+1} 为中心轴线上连续的四点；τ 为形状因子，取值 0.2。基于平滑化的中心轴线，对管点云数据进行切片。采用随机采样一致性算法对切片点云数据进行圆检测，得到当前中心轴线点对应的圆杆半径。根据上述方法，连变截面曲管都可以检测出并进行逆向建模，见图 7.4-13。

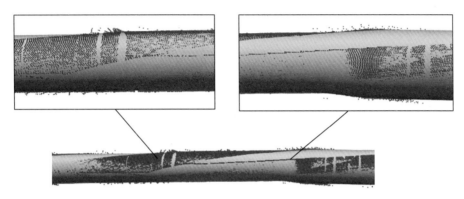

图 7.4-13　变截面曲管（黄色为曲管的 BIM 模型，蓝色为曲管的扫描点云数据）

成都火炬塔的管类型分为圆环管、弯扭管和直管，管与管的连接可描述为：直管被与其相连的管切割开，弯扭管被底部的圆环管切割开。因此，面向成都火炬塔自动化逆向建模的布尔运算关系矩阵 $\boldsymbol{B}$ 定义如下：

$$B_{ij}=\begin{cases}1 & S_i \text{ 与 } S_j \text{ 相连且 } S_j \text{ 为直管} \\ 1 & S_i \text{ 与 } S_j \text{ 相连且 } S_j \text{ 为底部圆环管} \\ 0 & \text{其他}\end{cases} \qquad (7.4\text{-}5)$$

上式中，S_i 表示为第 i 个管；S_j 表示为第 j 个管；$B_{ij}=1$ 表示 S_j 被 S_i 切割开。

基于上述获得的圆杆放样路径、圆杆半径、布尔运算关系矩阵等信息，采用 2.2.3 节的 BIM 二次开发技术，可得到竣工 BIM 模型，结果见图 7.4-14。此外，以上方法还可成功地应用于风电塔筒的逆向建模，结果见图 7.4-15。

7.4.5　复杂管结构智能数字化尺寸检测

为了克服噪点对复杂管结构数字化尺寸检测的不利影响，采用中心轴线代替完整的管结构点云数据进行偏差评估。采用随机采样一致性算法对中心轴线进行圆检测，得到圆环中心，见图 7.4-16（a）、（b）。以圆环中心为配准基准点，采用基于配准基准点全排列的点云数据配准算法（3.5.3 节）实现中心轴线的配准，结果见图 7.4-16（c）。

以设计中心轴线为基准，采用 kNN 算法计算竣工中心轴线与基准的偏差 δ_h，δ_h 以彩色编码差异图进行显示，见图 7.4-17；从图中可以看出，顶部圆

图 7.4-14　成都火炬塔的竣工 BIM 模型

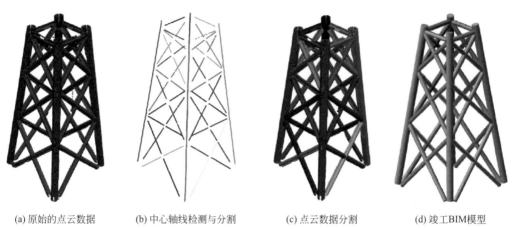

(a) 原始的点云数据   (b) 中心轴线检测与分割   (c) 点云数据分割   (d) 竣工BIM模型

图 7.4-15　风电塔筒的自动化逆向建模

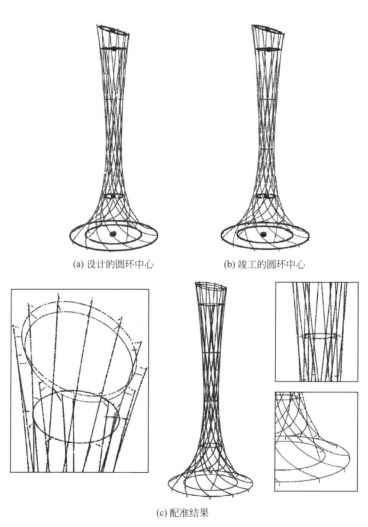

(a) 设计的圆环中心   (b) 竣工的圆环中心

(c) 配准结果

图 7.4-16　基于圆环中心的中心轴线配准

环管的偏差严重地超出规范限值，这是由于施工过程中设计方案变更所引起。

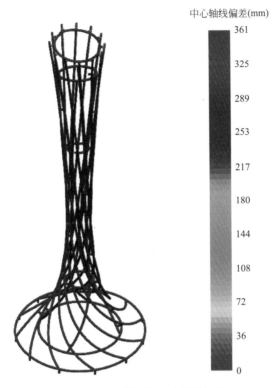

图 7.4-17　管结构尺寸检测结果

7.5　小结

　　本章以泸州高铁站和成都大运会火炬塔为工程背景，介绍了基于三维激光扫描技术和智能算法的空间结构尺寸检测方法，具体包括点云数据获取、扫描点云数据配准、目标点云数据提取、目标点云数据分割与识别、自动化建模和数字化尺寸检测等方法。研究结果表明，基于三维激光扫描技术和智能算法的空间结构尺寸检测方法可高效精准地对复杂空间结构进行尺寸检测，且方法的实用性强，为同类型空间结构的尺寸检测提供了良好的参考案例和算法基础。

参考文献

[1] Open3d. Geometry. Point cloud outlier removal [EB/OL]. [2022-10-08]. http：//www. open3d. org/docs/release/tutorial/geometry/pointcloud_outlier_removal. html.

[2] BLOMLEY R，WEINMANN M，LEITLOFF J，et al. Shape distribution features for point cloud analysis-a geometric histogram approach on multiple scales [J]. ISPRS Annals of the Photogrammetry，Remote Sensing and Spatial Information Sciences，2014，2（3）：9.

[3] 中华人民共和国住房和城乡建设部. 钢结构工程施工质量验收标准：GB 50205—2020 [S]. 北京：

中国计划出版社，2020.

［4］CHILES V，BLACK S，LISSAMAN A，et al. Principles of engineering manufacture ［M］. Butterworth-Heinemann，Oxford，1996：454-498.

［5］SCHROEDER W J，AVILA L S，HOFFMAN W. Visualizing with VTK：a tutorial ［J］. IEEE Computer Graphics and Applications，2000，20（5）：20-27.

［6］SOUDARISSANANE S，LINDENBERGH R，MENENTI M，et al. Incidence angle influence on the quality of terrestrial laser scanning points ［C］//Proceedings ISPRS Workshop Laserscanning 2009，Paris，France. ISPRS，2009.

［7］GUIDE G. GSA Building Information Modeling Guide Series：03 ［S］. US General Services Administration：Washington，DC，USA，2009.

［8］PRIM R C. Shortest connection networks and some generalizations ［J］. The Bell System Technical Journal，1957，36（6）：1389-1401.

［9］PRATT V. Direct least-squares fitting of algebraic surfaces ［J］. ACM SIGGRAPH Computer Graphics，1987，21（4）：145-152.

［10］TWIGG C. Catmull-rom splines ［J］. Computer，2003，41（6）：4-6.